Mehltretter · Dampflokomotiven – Am Ende einer Epoche

J. Michael Mehltretter

Dampflokomotiven

Am Ende einer Epoche

trans press
spezial

Einbandgestaltung: Dos Luis Santos

Titelbild: Eilzug E 658 »Frankenland«, geführt von 001 211 und 001 168, beim Beschleunigen auf 120 km/h kurz hinter Untersteinach (Strecke Hof–Bamberg, 17.03.1973).

Rücktitelbild: Die berühmte »Schiefe Ebene«, jener bekannte Abschnitt zwischen Neuenmarkt-Wirsberg und Marktschorgast, zählt zu den imposantesten Steilstrecken Deutschlands. Vom Maintal her kommend, muß dort die Bahn die ersten Ausläufer des Fichtelgebirges erklimmen. Auf einer Länge von nur 7,5 km hat sie dort eine Höhendifferenz von 157,6 m zu überwinden. Im Bild sehen wir die Schnellzug-Lokomotive 001 173, wie sie sich mit dem morgendlichen Eilzug E 1863 (Tübingen–Würzburg–Hof) die schwere Steigung hochkämpft (17.03.1973).

Bildnachweis:
Die zur Illustration dieses Buches verwendeten Aufnahmen stammen – wenn nichts anderes vermerkt ist – vom Verfasser.

ISBN 3-613-71260-1

Spezialausgabe 1. Auflage 2005

Ein Unternehmen der Paul Pietsch-Verlage GmbH & Co.

Sie finden uns im Internet unter
www.transpress.de

Lektorat: Hartmut Lange
Innengestaltung, Satz + Repro: Tebitron GmbH, 70839 Gerlingen
Druck + Bindung: Henkel GmbH, 70435 Stuttgart
Printed in Germany

Inhalt

Vorwort zur Spezialausgabe

Nach über 142 Jahren Eisenbahnbetrieb fand mit dem Auslaufen des Sommerfahrplanes 1977 die Dampftraktion bei der Deutschen Bundesbahn unwiderruflich ihr Ende. Auch die Deutsche Reichsbahn folgte diesem Trend einige Jahre später. Und selbst bei allen anderen westeuropäischen Eisenbahnverwaltungen konnten seit Jahren elektrische sowie mit Verbrennungsmotoren ausgerüstete Triebfahrzeuge die letzten Dampflokomotiven verdrängen.

Ganz im Gegensatz zu dieser technischen und wirtschaftlich unumgänglichen Entwicklung verlief das allgemeine Interesse, das in breiter Form diesen immer seltener vorkommenden Vertretern einer im Scheiden begriffenen Technik entgegengebracht wurde. Der leicht verständliche und klare Aufbau, die eindrucksvolle hör- und sichtbare Kraftentfaltung beim Anfahren, rundum das gesamte, unverkennbare Erscheinungsbild der Dampflokomotive sowie der Reiz einer nun zu Ende gegangenen Epoche ließen die Zahl ihrer Freunde aller Altersgruppen sprunghaft ansteigen.

Dieses Buch wurde im Jahre 1979 lanciert. Es ist in mehreren Auflagen erschienen und schon seit langem vergriffen. Das anhaltende Interesse an diesem Thema veranlaßte den Verlag, diesen Titel als Spezialausgabe neu aufzulegen. Hierbei wurde dem Wunsch vieler Leser entsprochen und der Inhalt dieses Buches auf Dampflokeinsätze in Deutschland focussiert.

In seinem ersten Kapitel berichtet dieses Werk über die eindrucksvollen Leistungen, welche von den Hofer Schnellzugmaschinen der Baureihe 001 sowie den anderen dort stationierten oder behandelten Güterzuglokomotiven erbracht wurden. Hinzu kommen noch die raren Dampflokparaden, die in Hof stattfanden, sowie die sonstigen Darstellungen, die uns dieses markante Bahnbetriebswerk unvergeßlich werden lassen.

Im zweiten Kapitel stehen Rheine und die berühmte Emslandstrecke im Vordergrund. Neben den dort erbrachten Dampflokleistungen wird auch auf die besondere Technik der Dreizylindertriebwerke eingegangen, die bei den Schnell- und Güterzuglokomotiven Baureihe 012, 043 und 044 Verwendung fanden.

Im dritten Teil dieser Dokumentation spielen Crailsheim und das nordwestliche Frankenland die Hauptrolle. Die darin gezeigten Luftaufnahmen eröffnen dem Leser eine bisher unbekannte, völlig neue Perspektive. Reizvoll gestaltete sich hierbei der Betrieb auf der Strecke zwischen Crailsheim und Lauda, bei der die Hohenloher Ebene Mensch und Maschine so manche Leistungen abverlangte.

Das vierte Kapitel ist den letzten in Südwestdeutschland absolvierten Sonderfahrten gewidmet. Dieser besondere Abschied wurde von Dampflokomotiven bestritten, die kurz vor dem Ende ihres Plandienstes standen und deren baldiges Ausscheiden vorgegeben war.

Der Farbteil am Schluß dieses Buches möchte mit allen fotografischen Mitteln nochmals die Dynamik verdeutlichen, die bei der Dampflokomotive in ihrer vielgestaltigen Form zum Ausdruck kam!

Wie schon bei den anderen Publikationen des Verfassers wird auch hier nicht die Absicht gehegt, ein aus Archiven geborenes Werk vorzulegen. Vielmehr soll dieses Buch einen selbsterlebten und persönlichen, vor allem liebevoll gemeinten Abschied von jenem Stück Technik darstellen, welches weit über Jahrzehnte hinweg das Bild der Bahn geprägt hatte.

Die vielgestaltigen Erscheinungsformen der Dampflokomotive sowie die Menschen, die für sie sorgten und auf ihnen fuhren, stehen im Vordergrund dieses Buches. Die Fotografie dient hierbei als erstrangiges Ausdrucksmittel, für das dem Autor das Beste nur gut genug erschien: Alle Aufnahmen entstanden im aufwendigen Mittel- und Großformat!

Diese Arbeitsweise verlangt für das Auf- und Einstellen der eingesetzten fotografischen Apparate besondere Aufmerksamkeit. Sind die Mittelformat-Kameras (6x6 Hasselblad 500 C/M und 500 EL/M) in nur wenigen Minuten »schußbereit«, benötigen die Großformat-Kameras (9x12 Linhof Super-Technika) in der Regel eine Zeit von rund 15 Minuten pro Aufnahme und setzen ein entsprechendes festes und schweres Stativ voraus. Weiterhin kann hierbei auch auf Requisiten aus »Großvaters Zeiten« zum Justieren und Scharfeinstellen der Mattscheibe an der Platten-Kamera nicht verzichtet werden. Handlupe und schwarzes Tuch sind immer mit dabei! Zusätzlich muß noch vor jeder Aufnahme die Blendeneinstellung des Objektivs mit einem separaten Belichtungsmesser ermittelt und der Verschluß manuell gespannt werden. Weiterhin darf man nicht vergessen, den Schieber der Planfilm-Kassette herauszuziehen, um damit den Weg zwischen Objektiv und Film freizugeben. Alles in allem eine Reihe verschiedener zusammenhängender Vorgänge, von denen auch bei der gerne aufkommenden Begeisterung über die sich nähernde Dampflok keiner ausgelassen werden darf. Hinzu kommen noch Umfang und Transport dieser Fototechnik, bei der man auf einen fachlich kompetenten Begleiter nicht verzichten kann.

Dieser große Aufwand, die eingeschränkte Mobilität sowie der geschilderte Zeitbedarf dieser Fototechnik schließt das in der Kleinbildfotografie beliebte »Zugverfolgen« grundsätzlich aus.

Jedes ausgewählte Motiv läßt sich immer nur einmal ablichten. Als Lohn für diese Mühe erhält man jedoch Druckvorlagen, die in ihrer Farbqualität und Schärfe konkurrenzlos sind!
Bei den Luftaufnahmen kamen 6x6 Hasselblad 500 EL/M mit Luftzielvorrichtung und 4x5 Inch Linhof Aero-Technika zum Einsatz. Letztere war zu jener Zeit die einzige Großformatkamera, die vollautomatisch arbeitete und wegen ihres hohen Energiebedarfes stets einen leistungsstarken Accu benötigte. Alle in diesem Buche wiedergegebenen Luftaufnahmen wurden von der Regierung von Oberbayern unter GS 300/6969 freigegeben.
Bei der Erstellung und Auswahl der Aufnahmen für dieses Buch hat der Autor auf Verfremdungseffekte oder sonstige »künstlerische Ansätze« bewußt verzichtet. Vielmehr setzt die Aufgliederung der Dampflokomotive in ihre vielzähligen Einzelteile sowohl bei statischen wie auch bei dynamischen Aufnahmen eine exakte Wiedergabe voraus, bei der auch Stimmungsbilder eine korrekte Lichtführung sowie die bereits beschriebene Bildschärfe nicht vermissen lassen dürfen.
Fast alle Aufnahmen dieses Buches wurden »in Regie« erstellt. Dies bedeutet, daß dem jeweiligen Lokomotivpersonal mittels Vordruck der geplante Fotostandort benannt und die gewünschte Szene vereinbart worden war. Daß die kooperative Lokmannschaft stets mit einem Erinnerungsfoto belohnt wurde, war für den Autor selbstverständlich. Als Beispiel für diese Arbeitsweise kann Aufnahme Nr. 004 auf Seite 12 dienen. Trotz Talfahrt und Beginn der »Schiefen Ebene« durcheilen 001 168 und 001 202 den Bahnhof Marktschorgast mit offenem Regler!
Dieses Buch ist als zeitgeschichtliches Dokument zu verstehen, in dem die Fotografie die Hauptrolle spielt. Im Vordergrund sollen die Lokomotiven, die Menschen und die involvierten Landschaften stehen. Wer von Entwicklungsgeschichte, Technik, Stückzahlen und Stationierungsangaben der hier gezeigten Lokomotivbaureihen mehr wissen möchte, sei auf die Bücher »Die Lokomotiven der Deutschen Bundesbahn« und »Dampflokomotiven – Die Letzten in Deutschland« verwiesen. Beide Titel sind heute als Spezialausgabe bei Transpress erhältlich.
Es ist dem Autor Verpflichtung und Freude zugleich, an dieser Stelle allen seinen Dank auszusprechen, die zum Gelingen dieses Buches beigetragen haben. Insbesondere gilt dies für viele ungenannte Mitarbeiter der Deutschen Bundesbahn, der Hauptverwaltung in Frankfurt, den maschinentechnischen Abteilungen der Direktionen Nürnberg, Stuttgart und Hannover sowie den Bahnbetriebswerken Crailsheim, Hof und Rheine. Namentlich in diesen Dank einbezogen werden vom Bw Hof die Herren Rudolf Fischer (Dienststellenleiter), Hannes Haßlocher (B-Gruppenleiter), Erwin Vogel (C-Gruppenleiter), Karl Beyer (Bing MA Hof) und Alfred Rödel II (Lokdienstleitung). Freundschaftlich gesinnt war dem Autor auch Gerhard Plankert (Dienststellenleiter Bw Rheine), der dessen Aktivitäten stets tatkräftig unterstützte. So hätten ohne seine Hilfe die in der Nacht aufgenommenen Sonderzüge bei Rheine nie Wirklichkeit werden können.
Besonderer Dank gebührt auch Herrn Albert Schöppner aus Königshofen. Er zählte zu den wenigen Eisenbahnfreunden, die bereits schon Anfang der 70er Jahre sich für die Mittelformatfotografie entschieden hatten. Seine hier wiedergegebenen Bilder haben sehr zur Vielfältigkeit dieses Buches beigetragen!
Den Herren Carlotto Asmus aus Weilheim und John S. Whiteley aus Shipley, West Yorkshire, England, sei hier für die freundliche Überlassung der entsprechend benannten Aufnahmen gedankt.
Auch bei diesem Werk übernahmen die beiden Münchner »Amici in Vapore« des Autors, die Herren Dipl.-Ing. J. B. Kronawitter und Baudirektor a.D. Ernst Schörner, die abschließende Durchsicht. Wie schon die meisten der zuvor genannten Herren weilen auch diese beiden heute nicht mehr unter den Lebenden. Auch ihnen ist dieses Buch gewidmet. Schließlich möchte der Autor auch Herrn Dipl.-Ing. Werner Schott aus Rosenheim danken, der die Texte dieser Spezialausgabe noch einmal durchgesehen hat. Als ehemaliger leitender Bundesbahndirektor und 21A in der maschinentechnischen Abteilung der Direktion München, aber auch als gebürtiger Hofer, hätte es keiner besser machen können!
Ganz besonders möchte der Autor Herrn Hartmut Thiele, Fotografenmeister in München, danken, der ihm auf manchen In- und Auslandsreisen Helfer und Kritiker, vor allem aber stets ein freundlicher Reisebegleiter war. So hätten viele der hier abgebildeten Aufnahmen ohne seine Hilfe nicht erstellt werden könne. Dankend sollen hier auch die Leitung und das Lektorat des Verlages erwähnt werden, die sich um die sorgfältige Gestaltung und Ausführung dieses Buches sehr bemüht haben.
Die moderne Eisenbahn wird heute durch schnelle, leistungsstarke elektrische und Brennkraftlokomotiven geprägt, für die Dampflokomotive bleibt nur noch der historische Rückblick. Die Erinnerung daran soll uns dieses Buch bewahren.
– Sic transit gloria vaporis! –

Pullach bei München, im Frühjahr 2005
Der Verfasser

1. Schiefe Ebene, Hof und Nordbayern

Bis zum Ende des Winterfahrplanes 1972/73 zählte die bekannte »Schiefe Ebene«, jene Steilrampe auf der Linie Bamberg–Hof, zu den interessantesten und von Eisenbahnfreunden in ganz Europa wohl am meisten besuchten Streckenabschnitten. Vom Maintal her kommend, muß dort die Bahn die ersten Ausläufer des Fichtelgebirges erklimmen. Auf einer Länge von nur 7,5 km hat sie dort eine Höhendifferenz von 157,6 m zu überwinden. Fast durchgehend ist eine Steigung von 25 ‰ zu überwinden, wobei die vorhandenen Kurven zusätzliche Leistung abverlangen. Nach den Leistungstafeln der Deutschen Bundesbahn für die Dampflokbaureihe 01 kann diese bei 25 ‰ Steigung einen 205 to schweren Zug mit einer Geschwindigkeit von 30 km/h befördern. Bei gleicher Steigung und Geschwindigkeit kann eine Güterzuglokomotive Baureihe 50 sogar 275 to an den Zughaken nehmen.
Die von der Straßenüberführung gut verfolgbare Ausfahrt in Neuenmarkt-Wirsberg, der lichtgünstige, weil freiliegende Block Streitmühle, die kurvenreiche und landschaftlich reizvolle Streckenführung bei Kilometer 80 oder die der Anstrengung ein Ende bereitende Einfahrt von Marktschorgast – das alles sind Orte der Erinnerung an jenes unvergeßliche packende Schauspiel, das die Hofer 01-Schnellzugdampflokomotiven in ihrem Dienst dem Beschauer gleich mehrmals am Tage boten!
Hinzu kamen die zahlreichen Plandienste, die von den Hofer 50ern im Personen- und Güterzugdienst zu leisten waren. Zu den Höhepunkten zählten auch die Lokomotivparaden und andere exklusive Fotoszenen, die uns das Bw Hof für immer in Erinnerung behalten lassen. Hierbei sind auch jene Eisenbahner wieder-

Nr. 001
Der letzte Abschnitt der »Schiefen Ebene« führt bei Streckenkilometer 81.1 mit einer Kurve aus dem Walde und geht von dort bis Marktschorgast in eine Gerade über. Trotz Abhängigkeit von Zuglast und Maschinenzustand konnte gerade dort ein eingespieltes Lokpersonal zeigen, welche hohe Leistung mit ihrer alten 01 noch zu erreichen war! An dieser Stelle sehen wir 001 111 vor Eilzug E 1791 Frankfurt–Würzburg–Hof an einem herrlichen Februarmorgen des Jahres 1973 (17.02.1973).

zufinden, die bei diesen Besonderheiten stets bereitwillig und freundlich mitgewirkt haben.
Nicht minder abwechslungsreich verlief der Dampfbetrieb zwischen Nürnberg und Sulzbach-Rosenberg, insbesondere auf dem Teilstück von Hartmannshof nach Neukirchen. Auch wenn dort auf einer Länge von 8,1 km nur 71,2 Höhenmeter zu überwinden sind, forderten die mehrfach vorhandenen, kurvenreichen und bis 25‰ messenden Rampen das Letzte von den meist vor schweren Eisenschrott, Erz- und Kohlezügen eingesetzten Güterzuglokomotiven der Baureihe 44. Diese erhielten oftmals noch von 50er Schiebelok Unterstützung.

Nr. 002
Zu den faszinierendsten Fotomotiven zählte der durch Zusammenfassung mit dem E 852 planmäßig in Doppeltraktion gefahrene Eilzug E 658 »Frankenland«; hier mit 001 131 und 001 150 in voller Fahrt bei Untersteinach (03.03.1973).

Nr. 003
Kleine Dampflok-Parade im Bw Hof. Neben den dort beheimateten 001 180, 001 168 und 052 817 hat sich auch die frisch ausgebesserte 044 333 aus Weiden eingefunden (09.12.1972).

Nr. 004
Eilzug E 658 »Frankenland«, geführt von 001 168 und 001 202, eilt talwärts durch den Bahnhof Marktschorgast. Trotz hoher Fahrt und der hier beginnenden »Schiefen Ebene« haben die beiden Lokführer gerne für diese Aufnahme den Regler kurz geöffnet (10.02.1973).

Nr. 005 ▷
Mit dem Fahrplanwechsel vom 2. auf 3. Juni 1973 wuren die meisten Hofer 001 abgestellt und durch Brennkraftlokomotiven der Baureihe 218 ersetzt. Damit endete auch für immer der Dampfbetrieb vor Schnell- und Eilzügen auf der »Schiefen Ebene«. Hier bringt 001 088 an einem dieser letzten Betriebstage den Eilzug E 1791 über die berühmte Rampe (31.05.1973); drei Tage später wurde sie z-gestellt.

001 088-4
80

051 889-4

◁ *Nr. 006*
Der Güterzug 16 825 Lichtenfels–Hof durchfährt bei Streckenkilometer 77,7 den unteren Teil der »Schiefen Ebene«. Die angestrengt arbeitende 051 889 erhält noch Unterstützung durch eine Diesellok der Baureihe 260 (17.03.1973).

Nr. 007
Auch nach dem Ausscheiden der Baureihe 001 zum 3. Juni 1973 verkehrten bis zum Ende des Jahres 1974 immer noch Hofer Dampflokomotiven planmäßig auf der »Schiefen Ebene«, wie hier 050 098 mit N 5819 Lichtenfels–Hof kurz vor dem Block Streitmühle (02.11.1973).

Nr. 008
Der Schnellzug D 854 Hof–Würzburg–Frankfurt zählt zu den letzten eindrucksvollen Leistungen der Hofer 001 und wurde von diesen bis Bamberg bespannt. Im Bild 001 150 mit Lokführer Bayreuther und Heizer Rietsch beim Beschleunigen kurz hinter Seulbitz (08.04.1973).

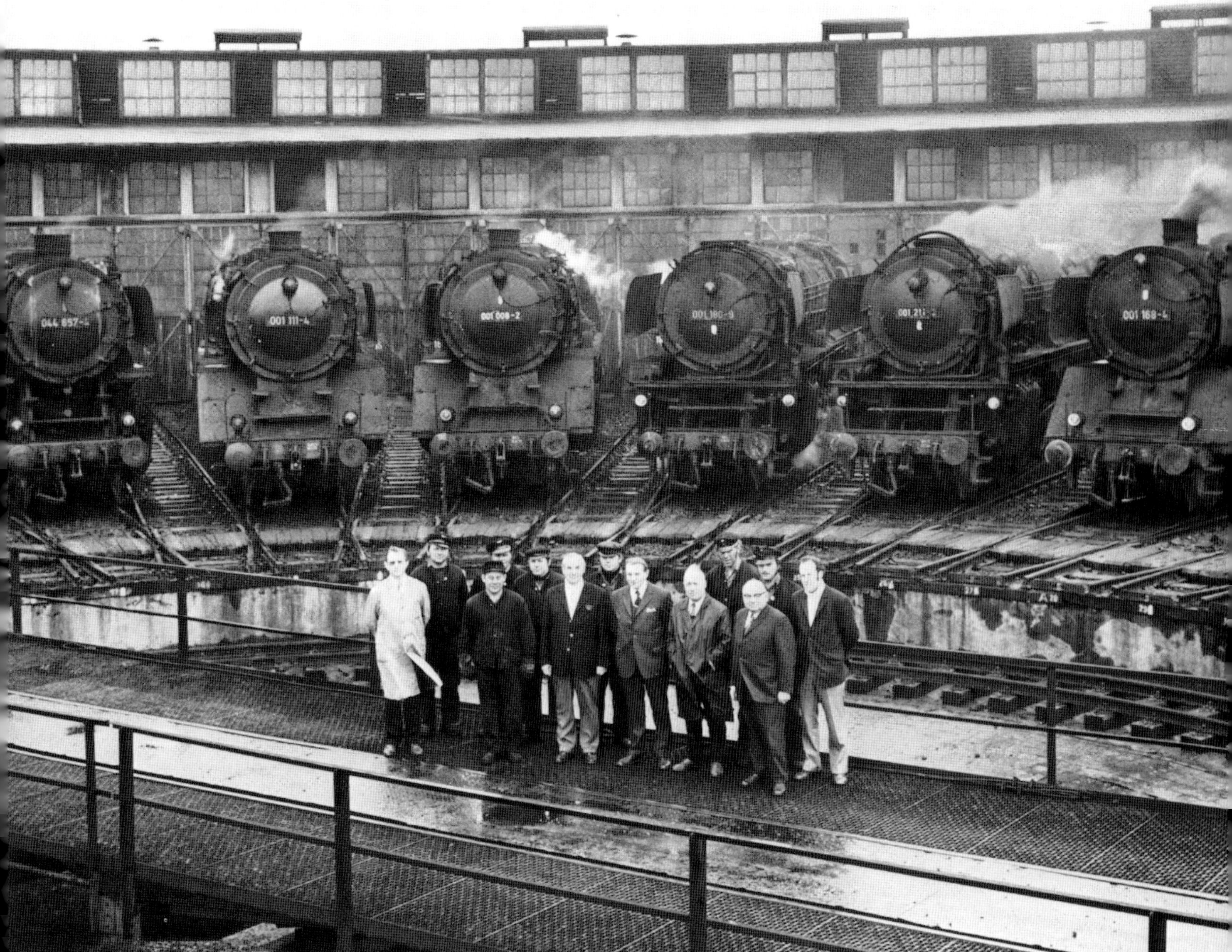

Nr. 009

Die verschiedenen Lokparaden im Bw Hof gehören nicht nur zu den schönsten Eisenbahnerlebnissen des Autors, sondern nehmen auch einen besonderen Rang in der Dokumentation der nun zu Ende gegangenen Dampflokzeit ein. Als Dank und Erinnerung an jene Hofer Eisenbahner, durch deren Verständnis und Hilfe solche Besonderheiten erst möglich wurden, dient dieses Bild.

Vordere Reihe, von rechts: B-Gruppenleiter Haßlocher (mit Brille), Kronawitter (früherer Bw-Vorstand von Hof, später Vorstand MA 3 in München), Bw-Vorsteher Fischer, C-Gruppenleiter Vogel und Ausschlacker Kaiser. Hintere Reihe, von rechts: Werkmeister Fütterer, Lokpersonal Höpfer und Hermann, Lokpersonal Benkert und Erben, Feuermann Tietze, Drehscheibenwärter Rödiger und Lokleiter Heinrich.

050 281-5
76
8

◁ *Nr. 010*
Auch der untere Teil der »Schiefen Ebene«, der erste Abschnitt einer langen Geraden, galt als lohnendes Fotomotiv. Die schwer arbeitende Hofer 050 281 erhält noch Unterstützung von einer Brennkraftlok BR 260. Während das Bild Nr. 006 im Format 6 x 6 entstanden ist, wurde diese Aufnahme im Format 9 x 12 erstellt. Der Güterzug Dg 16 825 ist bis zur Schiebelok scharf abgelichtet, auch wenn die geringe Vergrößerung dieses Abdruckes nur wenige Details erkennen läßt (02.12.1972).

Nr. 011
001 211 zählte zu den letzten Hofer Schnellzugloks mit Neubaukessel; sie wurde wegen Fristablauf am 21.04.1973 z-gestellt. – Oberlokführer Fischer (Mitte) stellt sich mit seinem Heizer und dem Drehscheibenwärter noch kurz dem Fotografen, bevor er mit seiner Maschine zum Bahnhof dampft und den dort bereits zusammengestellten Eilzug E 1648 nach Bamberg übernimmt.

Nr. 012
Ausfahrt des Eilzuges E 1649 in Bamberg. Vor dem Zug in Doppeltraktion die Hofer 001 211 mit Neubau- und 01 088 mit Altbaukessel (10.03.1973).

Nr. 013

Zu den vier Hofer 001-Lokomotiven, die nach dem Fahrplanwechsel vom 03.06.1973 noch im Einsatzbestand verblieben, gehörte auch die 001 008. Neben Reservediensten fand diese Maschine auch vor dem Personenzugpaar N 3215 Hof–Regensburg bzw. N 3228 Regensburg–Hof Verwendung, bis mit Beginn des Winterfahrplanes 1973/74 am 30.09.1973 der 001-Betrieb endgültig zu Ende ging. – Hier eilt 001 008 mit N 3228 über die Steigung hinter Regenstauf in Richtung Norden (30.07.1973).

052 339-9

◁ *Nr. 014*
Die letzten fünfhundert Meter der »Schiefen Ebene« verlaufen gerade auf Marktschorgast zu. Hier ein Blick auf diesen Streckenabschnitt, vom Führerstand einer Brennkraftlok BR 220 fotografiert. Ganz voraus die Straßenbrücke, links der Friedhof und dahinter die Gemeindekirche von Marktschorgast. Natürlich darf auch ein dampfbespannter Gegenzug nicht fehlen. Hier führt die Hofer 052 339-9 den Personenzug N 2826 nach Lichtenfels. (März 1973).

Nr. 015
Güterzug 16 825 mit 052 450 passiert das talseitige Einfahrtssignal von Marktschorgast. Auch bei der Größe dieses Zuges (ca. 300 t) war ein Nachschub nicht notwendig (02.11.1973).

001 008-2
BAMBERG

Nr. 016
Obwohl ein alltäglich gebotenes Schauspiel, so war die Ausfahrt des E 1649 in Bamberg immer ein besonderes Erlebnis. Auf unserem Bild sind 001 008 und 001 150 pünktlich um 16.38 Uhr in Richtung Hof abgefahren.

001 111-4
76
9

◁ *Nr. 017*
Die Brücke der Bundesstraße 303 über die Bahntrasse des unteren Abschnittes der »Schiefen Ebene« bot eine ganz besondere Perspektive. An jenem Wintertage führte die Hofer 001 111 den Eilzug E 1863 (Tübingen–Würzburg–Hof) über die berühmte Steilrampe (10.03.1973).

Nr. 018
Neben den 001 111, 150 und 173 zählte 001 008 zu den letzten Schnellzugdampflokomotiven des Bw Hof und blieb dort bis zum 29.09.1973 im Einsatz. Im Bild führt sie den Personenzug N 3215 Hof–Regensburg, aufgenommen kurz nach der Ausfahrt Ponholz (30.07.1973).
Heute kann die 001 008 als Glanzstück im Rhein-Ruhr-Eisenbahnmuseum in Bochum-Dahlhausen besichtigt werden.

Nr. 019

Mit dem 29. September 1973 endete der letzte planmäßige Einsatz der Hofer 001. Nachdem an diesem Tage die 001 150 den N 3215 von Hof nach Regensburg gebracht hatte, stellte sich im dortigen Bw die nochmals auf Hochglanz gebrachte Schnellzuglok zusammen mit zwei Vertretern der modernen Traktionsmittel, der 218 297 und 118 049, zu einem Abschiedsbild.

Nr. 020

Im Anschluß an die kleine Lokparade (siehe Bild N. 020) schmückten Hofer Eisenbahnfreunde die 001 150 mit Girlanden und Zugschild und würdigten auf diese Weise die letzte planmäßige Leistung, die von einer westdeutschen 01 erbracht wurde. – Hier eine Aufnahme dieser denkwürdigen Fahrt (N 3228 Regensburg–Hof) auf der Steigung zwischen Regenstauf und Ponholz (29.09.1973).

Nr. 021

Im Winter bei eisiger Kälte war dieses Schauspiel für den Heizer auf der 001 008 eine Schinderei, aber für den Fotografen ein Vergnügen. Dank Gestellung einer Schiebelok (Brennkraftlokomotive BR 220) weist dieser Zug eine Geschwindigkeit von ca. 50 km/h auf. Aus dem Diagramm Leistung am Zughaken/Fahrgeschwindigkeit dieser Baureihe ist zu entnehmen, daß sie bei dieser Geschwindigkeit ihr maximale Leistung von ca. 1.850 PSe entwickelt. Da einerseits diesem Diagramm eine Kesselnennlast von 57 kg/m²h zugrunde liegt und andererseits die Maschinen – wie dies auch der Autor persönlich erlebte – auch mit höherer Kesselbelastung gefahren wurden, konnten auf der »Schiefen Ebene« auch höhere Geschwindigkeiten erreicht werden, als im zuvor genannten Diagramm ausgewiesen.

Nr. 022
Zugbegegnung im Bahnhof Neuenmarkt-Wirsberg: Während 001 008 mit D 854 (Hof ab 12.10 Uhr) ohne Halt passiert, verläßt gerade 001 173 mit D 853 pünktlich um 12.49 Uhr Neuenmarkt-Wirsberg in Richtung Hof. Rechts noch die Silhouette von Lehrlokführer Ludwig Übel vom MA Hof, der den Autor stets gerne auf dem Führerstand begleitete.

Nr. 023
Aus Richtung Oberkotzau kommend, eilt 001 088 mit Schnellzug D 853 ihrem Ziel Hof entgegen. Im Hintergrund eine der bekannten Textilfabriken, die in jenen Zeiten zu den wichtigsten Industriezweigen im Wirtschaftsraum Hof gehörten. – Ein geübtes Auge kann erkennen, daß der Führer auf dieser 001 den Regler bereits zurückgenommen hat und der Bahnhof Hof bald in Sichtweite kommen wird (Juni 1972).

Nr. 024
E 1794 Hof–Würzburg–Stuttgart wartet mit 001 103 im Bahnhof Neuenmarkt-Wirsberg auf das Abfahrsignal (planmäßig 16.42 Uhr).

Nr. 025
Welche geballte Kraft von Dampflokomotiven ausgehen kann, beweist uns diese Ausfahrt der Hofer 001 008 und 001 150 mit E 1649 in Bamberg. Die wenigen Reisezugwagen dieser Garnitur lassen ahnen, daß 001 008 nur Vorspanndienste leistet, um eine Lz (Lokzug) zu vermeiden.

Nr. 026

Die Talfahrten auf der »Schiefen Ebene« besaßen natürlich nicht den Reiz, den wir von packenden Bergfahrten kennen. Aufgrund des starken Gefälles rollten Lokomotive und Wagengarnitur fast von alleine talwärts. Sanftes Anbremsen sorgte dafür, daß nach Buchfahrplan die zulässige Streckengeschwindigkeit nicht überschritten wurde. Benötigte der Eilzug E 1791 auf dem Streckenabschnitt von Neuenmarkt-Wirsberg nach Münchberg (29 km) ganze 33 min Fahrtzeit, durcheilte der talwärts strebende Eilzug E 1648 diese Strecke in nur 27 min! Beim Blick auf die führende Lok 001 150 erkennt das geübte Auge das Arbeiten des Hilfsbläsers, das dem Autor geltende Pfeifsignal sowie die leicht »säuselnden« Sicherheitsventile (02.12.1972).

Nr. 027
Streckenblick aus dem Führerstand der Hofer 001 008 mit Schnellzug D 854 auf dem Abschnitt Falls–Marktschorgast kurz vor der Walddurchfahrt bei Kilometer 85.

Nr. 028
Die Hofer 001 111 mit Schnellzug D 854 durcheilt genau den gleichen Streckenabschnitt, den wir auf der gegenüberliegenden Seite bereits gezeigt haben. Als Identitätsnachweis dürfen die großen Findlinge neben dem Oberbau gesehen werden (26.11.1972).

Nr. 029
Die Hofer 001 131 beim Wasserfassen im Bahnhof Weiden. Dieser Nahverkehrszug N 3228 verließ planmäßig um 13.31 Uhr Regensburg und kam um 15.23 Uhr in Weiden an. Nach einem 52-minütigen Aufenthalt dampfte dieser Zug weiter und erreichte Hof um 18.10 Uhr (12.11.1972).

Nr. 030 ▷
Unser Nahverkehrszug N 3228 mit 001 131 jetzt auf der Fahrt nach Hof bei Windischeschenbach bei schon leichtem Abendlicht (12.11.1972).

001 173-4
001 173-4
15

Nr. 031
Gegenüberstellung der beiden 01-Varianten, die in Hof stationiert waren. Links 001 173 mit Altbaukessel, rechts daneben 001 131 mit dem geschweißten Neubaukessel der DB. Die Verdampfungsleistung der Altbau-01 wird mit ca. 14,5 to/h, die der Neubau-01 mit ca. 15,5 to/h angegeben. Je nach Maschinenzustand, Qualität (Brennwert) der zu verfeuernden Kohle sowie der Geschicklichkeit von Führer und Heizer konnten aber auch höhere Kesselleistungen erzielt werden. Störend zeigte sich hierbei die kleinere Rostfläche des Neubaukessels, die bei schlechterer Kohle einer höheren Verbrennungsleistung oft im Wege stand!
– Hier möchte der Autor auch auf eine Führerstandsmitfahrt auf 001 131 erinnern, die er im Dezember 1972 absolvieren durfte. Der Schnellzug D 853 war von Bamberg nach Hof zu befördern. Der nur fünf Wagen umfassende Zug (mit ca. 212 to Anhängelast) hatte fahrplanseitig die 127 km lange Strecke in einer Stunde und 55 Minuten zu bewältigen. Die fünf Streckenabschnitte teilten sich in Bamberg–Lichtenfels (32 km, 17 Min Fahrtzeit, 7 Min Bahnhofsaufenthalt), Lichtenfels–Kulmbach (30 km, 21 Min Fahrtzeit, 1 Min Bahnhofsaufenthalt), Kulmbach–Neuenmarkt–Wirsberg (12 km, 11 Min Fahrtzeit, 3 Min Bahnhofsaufenthalt), Neuenmarkt–Wirsberg–Münchberg (29 km, 32 Min Fahrtzeit, 1 Min Bahnhofsaufenthalt) und Münchberg–Hof (24 km, 22 Min Fahrtzeit und 1 Min Bahnhofsaufenthalt). Einschließlich der fünf Halte von insgesamt 12 Minuten hatte dieser Schnellzug eine durchschnittliche Reisegeschwindigkeit von 66,26 km/h vorzuweisen. Unter Anleitung von Lehrlokführer Ludwig Übel und J. B. Kronawitter durfte der Autor nicht nur im Bw Bamberg das Grundfeuer vorbereiten, sondern auch auf der gesamten Strecke die Heizerdienste übernehmen.
– Bei dieser Fahrt, die wegen der geringen Anhängelast für unsere 001 131 eigentlich ein Kinderspiel darstellte, wurden alle Fahrplanvorgaben pünktlich eingehalten. Einschließlich der Feuervorbereitung im Bw Bamberg wurden auf dieser Fahrt ca. 1,8 to Kohle verfeuert. Von Bamberg bis nach Kulmbach wurde zunächst mit nicht allzu hohem, aber gut durchgebranntem Grundfeuer gefahren. Auf diesen Teilstrecken mußte die 001 131 nur beim Beschleunigen die volle Kesselleistung erbringen. Stets aber wurde ohne störende Rauchbildung gefahren. Nach Kulmbach wurde langsam, aber stetig das Feuer weiter aufgebaut. Beim dreiminütigen Aufenthalt in Neuenmarkt-Wirsberg sorgte das Speisen mit der Strahlpumpe dafür, daß der unter hohem Druck stehende Kessel nicht abblies. Dann kam der Abfahrtbefehl! Die Hände des Autors begannen erst leicht zu zittern, dann rief J. B. Kronawitter im Kommandoton »Mehli aufgeht´s, jetzt jede Minute drei Streuwürfe!«. Lehrlokführer Ludwig Übel zog mit dem D 853 ohne Schleudern aus dem Bahnhof und gewann schnell an Fahrt. Und wie wurde jetzt geheizt! »Schippen, Wurf, zurück« lautete der Dreiertakt beim Heizen, weil J. B. Kronawitter stets die Feuertür bediente und somit das Heizen sehr erleichterte. Für die Streckenbeobachtung blieb wenig Zeit, doch wurden die Signalstände vorschriftsmäßig zugerufen und bestätigt.
Die Fahrt über die »Schiefe Ebene« gelang! Der Bahnhof Marktschorgast wurde mit einer Geschwindigkeit von rund 50 km/h durcheilt! Auf die hierbei benötigte Zugkraft hochgerechnet, mußte die 001 131 mit einer Kesselnennlast von ca. 85 kg/m^{2}h und einer Kesselleistung von ca. 16,5 to/Dampf pro Stunde gefahren worden sein. Dies hätte rund 2.060 PSe Leistung am Zughaken unserer Hofer Schnellzuglok bedeutet. Respekt!

Nr. 032

Blick in den Hofer Rundschuppen, der bereits auf den vorherigen Seiten den Hintergrund bildete. Ganz links der Tender Bauart 2´2´T34 unserer Hofer 001 187, rechts daneben der normale Tender 2´2´T26 von 052 819-0, der man vermutlich das Nummernschild genommen hat. Die Loknummer ist nur noch auf die Tenderrückwand gemalt! Im Anschluß folgen die Kabinentender 2´2´T26 Kab der Güterzuglokomotiven 051 376-2, 050 416-8 und 051 057-8 (Mai 1972).

Nr. 033
Eilzug E 1649 Ludwigshafen–Würzburg–Bamberg–Hof auf dem letzten Streckenabschnitt der »Schiefen Ebene« kurz vor Marktschorgast. 001 131 leistet hierbei der Zuglok 001 168 Vorspanndienste. Das diese Tour nicht allzu schwer ausfiel, erkennt man an der Zuglok, deren Sicherheitsventile abblasen! An der Vorspannlok sieht man vor dem Schornstein die »Rauchkrawatte«, das typische Merkmal der 01-Neubaukessel.

Nr. 034
Nur noch eine kurze Strecke bis zum Ende der »Schiefen Ebene« in Marktschorgast. 001 180 mit Neubaukessel hatte am 22. April 1973 den Eilzug E 1791 (Würzburg–Bamberg–Hof) am Haken. Am Schluß dieses Zuges schiebt die Brennkraftlokomotive 220 060 nach (Foto A. Schöppner).

Nr. 035
Bei Falls befindet sich im Wald ein kleiner Weiher. 001 088 mit E 1791 (Würzburg–Bamberg–Hof) befindet sich noch auf Bergfahrt, die Teichoberfläche bietet ein unerwartet schönes Spiegelbild (01.05.1973, Foto A. Schöppner).

Nr. 036
Der Scheitelpunkt bei Stammbach ist für den Eilzug E 658 »Frankenland« (Hof–Würzburg–Saarbücken) noch nicht erreicht. In einer Kurve bei Pulschnitzberg (bei Eisenbahnfreunden auch »Pfeifenbogen« genannt, weil wegen des Übergangs rechts im Bild der Lokführer hier pfeifen muß!) führen 001 088 und 001 131 mit gewaltiger Dampfentwicklung den Zug nach Bamberg (28.12.1972, Foto A. Schöppner).

Nr. 037 ▷
Kein Triebfahrzeug verfügt über soviel verschiedenartige Ausdrucksweisen wie die Dampflokomotive. Man sieht ihre gewaltigen Abdampfwolken, man hört ihre lauten Auspuffschläge und man riecht den Geruch von Öl und verbrannter Kohle! Im Bilde sehen wir die Hofer 001 181, wie sie sich mit dem Eilzug E 1791 (Würzburg–Bamberg–Hof) die »Schiefe Ebene« hochkämpft. An jenem Tage hatte der sechs Wagen umfassende Zug keine Schiebelok erhalten. Dieses Bild entstand kurz vor der Blockstelle Streitmühle (10.10.1971, Foto A. Schöppner).

001 202-1
99
7

◁ *Nr. 038*
Auch von Hof in Richtung Bamberg haben die Züge Steigungen zu bewältigen. Bei Poppenreuth macht 001 202 mit Schnellzug D 854 (Hof–Würzburg–Frankfurt/Main), von Münchberg kommend, mächtig Dampf. Der Streckenkilometerstein 99.7 läßt den genauen Fotostandpunkt erkennen (27.12.1972, Foto A. Schöppner).

Nr. 039
Mit nur fünf Wagen am Zughaken war eine Schiebelok nicht vonnöten. An einem schönen Morgen führte 001 173 den Eilzug E 1791 (Würzburg–Bamberg–Hof) die »Schiefe Ebene« hinauf. Der Streckenkilometerstein 77.8 verrät uns, daß sich der Zug kurz vor der Blockstelle Streitmühle befindet. Diese Lokomotive war auch der Star des DB-Filmes »Wie war sie eigentlich, die Dampflokomotive?« und wurde später von den Ulmer Eisenbahnfreunden übernommen. Heute ist sie im Deutschen Technikmuseum Berlin hinterstellt (13.08.1972, Foto A. Schöppner).

Nr. 040
Nach der Blockstelle Streitmühle führt die Strecke in einem weiten Linksbogen in den Wald. Hier sehen wir 001 230 mit Eilzug E 1863 (Stuttgart–Würzburg–Hof) am Anfang des steilsten Abschnittes der »Schiefen Ebene«. Lokführer und Heizer haben bis Marktschorgast noch einige Arbeit zu leisten. Die 001 230 gehörte früher zu den 10 Vierzylinderverbundlokomotiven BR 02 und wurde später in eine Zweizylindermaschine umgebaut (09.10.1971, Foto A. Schöppner).

Nr. 041 ▷
Schnellzug D 853 Nürnberg–Bamberg–Hof am Ende der »Schiefen Ebene« auf der Einfahrtgeraden nach Marktschorgast. Den nur vier Wagen umfassenden Zug führt die Hofer 001 173. Die abblasenden Sicherheitsventile lassen erkennen, daß diese Lokomotive auch kurz vor Ende der Steilrampe noch mit vollem Kesseldruck fährt!

001 123-4
81
3

Nr. 042
Im Bw Hof präsentieren sich 001 180 und 001 168, um aus dieser Perspektive den Unterschied zwischen Neu- und Altbaukessel zu demonstrieren. Konstruktionsseitig war der Neubaukessel auf höhere Leistung ausgelegt, vollständig geschweißt und besaß eine Verbrennungskammer. Wollte man diese konstruktiv bedingte Mehrleistung auch im praktischen Betrieb realisieren, war der Heizer sehr gefordert. Auf dem schlackenfreien Rost wurde ein gleichmäßig durchgebranntes Grundfeuer verlangt, welches permanent in kurzen Abständen mit gutverteilten Streuwürfen auf Weißglut zu halten war. Die Altbau-01 verfügte über eine Rostfläche von 4,41 m^2. Ihre Strahlungsheizfläche lag bei 17, die Rohrheizfläche bei 105,38 und die Verdampfungsheizfläche bei 237,56 m^2. Die Kesselnennlast wurde mit 57 kg/m^2h angegeben. Beim DB-Neubaukessel hatte man die Rostfläche auf 3,96 m^2 reduziert. Die wichtige Strahlungsheizfläche kam auf 22, die Rohrheizfläche auf 97,16 und die Verdampfungsheizfläche auf 193,09 m^2. Hier durfte die Kesselnennlast jedoch bei 75 bis 85 kg/ m^2h liegen. Bei der Mitteldeutschen Reichsbahn erhielt der Reko-Kessel der 01^5 eine Rostfläche von 4,87 m^2. Die Strahlungsheizfläche war mit 23,5, die Rohrheizfläche mit 97,3 und die Verdampfungsheizfläche mit 224,5 m^2 ausgelegt. Bei einer Kesselnennlast von 75 kg/ m^2h konnte dieser Kessel stündlich 16,8 to Dampf erzeugen. Damit war diese Kesselkonstruktion dem DB-Neubaukessel deutlich überlegen.

Nr. 043
Neben den großen 01-Lokparaden kamen im Bw Hof auch kleinere, aber nicht minder reizvolle Szenen zur Ablichtung. Dank der Hilfe von Hannes Haßlocher konnten nach über 32 Jahren fast alle Namen der hier abgelichteten Personen wiedergegeben werden. Obere Reihe (von links): Lokführer Eberhard Müller und Rödiger. Mittlere Reihe (von links): Walter Ollscher, Lokdienstleiter Alfred Rödel I, Heizer Klaus Putzer und zwei weitere Mitarbeiter. Untere Reihe (von links): Hartmut Thiele, ein niederländischer Eisenbahnfreund, der Autor und halbhoch J. B. Kronawitter.

Nr. 044
D 854 Hof–Bamberg–Würzburg beim sichtbaren Beschleunigen kurz hinter Untersteinach auf dem Weg nach Kulmbach. Die nur 225 to umfassende Zuglast stellt in der Tat keine Höchstanforderungen an die Hofer Zuglok 001 173!

Nr. 045
Winterliche, sonnige Morgen waren die besten Voraussetzungen für eindrucksvolle Dampflokaufnahmen. Hier beschleunigt die Hofer 001 131 eindrucksvoll ihren E 1622 in Richtung Kulmbach, aufgenommen kurz hinter Neuenmarkt-Wirsberg.

Nr. 046
Zu den reizvollsten Laufplänen der Hofer Schnellzuglokomotiven zählte der stets mit zwei 01 gefahrene E 658 »Frankenland«. Diese Doppelbespannung resultierte aus der Zusammenfassung der beiden Eilzüge E 658 und E 852, die von Hof aus gemeinsam bis Bamberg liefen. An diesem Tage wurde dieser Doppelpark von den Hofer 001 180 und 001 202 geführt.

Nr. 047
Nicht nur Abdampf, sondern auch viel Rauch schicken die beiden Hofer 001 180 und 001 168 in die Bamberger Bahnhofsluft. Bevor der Eilzug E 1649 um 16.38 Uhr Bamberg verlassen hatte, hätten die Heizer über genügend Zeit verfügt, ein gut durchgebranntes Grundfeuer aufzubauen. Erst bei dem kräftigen Saugzug, der beim Anfahren entsteht, sollte man mit gezielten Streuwürfen weiterheizen. Damit läßt sich zu starker Rußausstoß leicht vermeiden. Denn gerade ein kräftiges Grundfeuer sorgt dafür, daß auch flüchtige Kohleteile noch in der Feuerkiste und Verbrennungskammer verbrannt und nicht nutzlos ins Freie geschleudert werden! Vor der Abfahrt sind auch immer Kesseldruck und Wasserstand im Auge zu behalten und bei der Gefahr zu hohen Druckes mit der Injektorpumpe nachzuspeisen!

Nr. 048
Von zwei Altbau-01 wurde an diesem Maitage der Eilzug E 1649 über die »Schiefe Ebene« geführt. Während der Heizer der Zuglok 001 168 mit seinem Lokführer einen Blick auf die Strecke wirft, ist sein Kollege auf der Vorspannlok 001 088 gerade beim Feuern.

Nr. 049
001 150 mit Eilzug E 1791 Würzburg–Hof auf dem eingleisigen Streckenabschnitt zwischen Marktschorgast und Falls. Nach dem Zweiten Weltkrieg ging mit der Teilung Deutschlands die Bedeutung dieser einstigen Nord-Süd Magistrale zurück, so daß zwischen Marktschorgast und Stammbach das zweite Gleis rückgebaut worden war (Dezember 1972).

Nr. 050
Blick aus dem Führerstand der Hofer 001 150 auf jenem Streckenabschnitt, der schon auf dem gegenüber gezeigten Bild zu finden ist. Von der Zuglok des Schnellzuges D 854 Hof–Bamberg–Würzburg erkennt man nicht nur wieder die zuvor gezeigte Brücke, sondern auch die Trasse des rückgebauten rechten Gleises. Das Laub der Bäume verrät uns, daß nunmehr das Frühjahr Einzug gehalten hat.

Nr. 051
Mit mächtigen Dampfstößen, aber gut durchgebranntem Feuer begegnet uns hier die Hofer 001 168 mit Eilzug E 1863 Tübingen–Würzburg–Bamberg–Hof auf der großen Geraden der »Schiefen Ebene«. Diese Aufnahme entstand am 13.04.1973 kurz vor der Blockstelle Streitmühle.

Nr. 052 ▷
Portrait des »Meisters« auf Zuglok 001 150 des Schnellzuges D 854. Auch von Hauptlokführer Gerhard Trampler durfte der Autor so manches Geheimnis über das richtige Umgehen und fachgerechte Feuern der geschätzten 01 erfahren.

Nr. 053
052 945 vor Güterzug 16825 im winterlichen Oberfranken auf dem Streckenabschnitt Marktschorgast–Falls, aufgenommen bei Streckenkilometer 85 (06.12.1972).

Nr. 054

Die Hofer Güterzuglok 051 889 führt den Ng 16825 von Lichtenfels nach Hof über die »Schiefe Ebene«, aufgenommen kurz nach der Blockstelle Streitmühle. Unterstützung erhielt sie durch die Schublok 044 247. Abdampf und Zylinderentwässerung lassen erkennen, daß die Lokomotive sehr schwer kämpfen muß und nur eine geringe Geschwindigkeit aufweist (07.10.1972, Foto A. Schöppner).

052 945-3

Nr. 055
Die Hofer 052 945 nimmt kurz nach Neuenmarkt-Wirsberg Anlauf auf die »Schiefe Ebene«, der Streckenkilometerstein 75,4 verrät den genauen Standort der Aufnahme. Der Abdampf läßt auf die richtige Arbeitsweise des Heizers schließen. Bei gut durchgebranntem Grundfeuer führen die zeitlich gleichmäßig folgenden und gut plazierten Streuwürfe zu keinen Umweltsünden!

Nr. 056
Schnellzug D 854 Hof–Bamberg–Würzburg kurz nach der Ausfahrt Hof, es führt 001 088. Gerne kam das Hofer Personal der Bitte des Autors nach und zeigte auf der Heizerseite ein freundliches Lächeln (Juni 1972).

Nr. 057
001 202 in Hof. Um ein hintergrundfreies Lokportrait erstellen zu können, wurde die Lok auf ein Rangiergleis noch vor dem Bw Hof vorgezogen (Juni 1972).

Nr. 058
Blick aus ungewöhnlicher Perspektive auf den hinteren Rundschuppen im Bw Hof. Die Schnellzugmaschinen 001 008, 001 211 und 001 168 haben sich zu einer kleinen Lokparade zusammengefunden. Für diese Aufnahme vom Dach des Rundschuppens mußte zuvor der nicht mehr funktionierende Aufstieg instand gesetzt werden. Die schwere Kameraausrüstung wurde per Seilzug auf's Dach befördert.

Nr. 059
Nochmals Dampflokatmosphäre im Bw Hof, hier von dem gegenüberliegenden Rundschuppendach aus gesehen. 052 184 macht sich gerade auf den Weg, um im Güterbahnhof die nächste Leistung zu übernehmen.

Nr. 060
Lokparade im Bw Hof! Alle Lokführer haben auf das Zeichen des Autors die Dampfpfeifen gezogen. Die Führer auf den zwei linken Loks haben es hierbei besonders gut gemeint und verschafften diesem Bild eine fast gespenstische Atmosphäre!

001 008-2
001 180-9
001 168-4

001 211-2

◁ *Nr. 061*
Zwei Persönlichkeiten ist dieses Bild gewidmet, die dem Autor bei allen seinen Vorhaben stets verständnisvoll und tatkräftig zur Seite gestanden sind: Auf der Pufferbohle der 001 211 links Bw-Dienststellenleiter Rudolf Fischer und rechts C-Gruppenleiter Erwin Vogel.

Nr. 062
Noch in den 70er Jahren galt Neuenmarkt-Wirsberg als wichtiger Eisenbahnknotenpunkt, bei dem noch viel zu erleben war. Von der Straßenbrücke aus sehen wir den Dg (Durchgangsgüterzug) nach Bayreuth, geführt von 044 388 des Bw Weiden. Der Dreizylindertakt dieses schweren »Jumbos« ist auch heute noch vielen Eisenbahnfreunden in Erinnerung (09.10.1971, Foto A. Schöppner).

Nr. 063
001 008 und 001 088 verlassen mit Eilzug E 658 »Frankenland« den Bahnhof Neuenmarkt-Wirsberg in Richtung Bamberg (Sommer 1971, Foto John S. Whiteley).

Nr. 064

Noch vor Ende des planmäßigen Einsatzes der Hofer Schnellzugmaschinen BR 01 wurden verschiedene Sonderfahrten für Eisenbahnfreunde durchgeführt, so auch eine in die bayerische Landeshauptstadt. Die Oberaufsicht der Lokomotiven lag meist in den Händen von Lehrlokführer Ludwig Übel (MA Hof). Hier zeigen wir die 001 150 im Bw München Hbf mit den damals Beteiligten (von links): Lehrlokführer Ludwig Übel, Lokführer Rudolf Bär, Heizer Klaus Putzer (beide Bw Hof) sowie der Lehrlokführer vom Bw München Hbf.

Nr. 065
001 008 mit einem sechs Wagen umfassenden Eilzug auf dem letzten Abschnitt der »Schiefen Ebene« bei Streckenkilometer 81.2 kurz vor Marktschorgast. Am Zugende leistet eine Brennkraftlok BR 211 vom Bw Bayreuth Schubdienste (Sommer 1971, Foto John S. Whiteley).

Nr. 066
001 008 und 001 088 haben bei Seulbitz den E 658 »Frankenland« zwischen Hof und Bamberg am Haken. Für 001 088 war es eine ihrer letzten Fahrten. 001 008 hat im Eisenbahnmuseum der DGEG in Bochum-Dalhausen eine neue Bleibe gefunden (01.06.1973, Foto A. Schöppner).

Nr. 067 (Seite 80)
Zu den schönsten und auch letzten Dampflok-Abschiedsfahrten, die nach Neuenmarkt-Wirsberg und weiter über die »Schiefe Ebene« führten, gehörte der von den Ulmer Eisenbahnfreunden am 15. Juni 1975 arrangierte Gesellschaftssonderzug Nürnberg–Hof.
Als Zuglok wurden hierbei 012 061 (ex Bw Rheine) und 023 019 (ex Bw Crailsheim) vorgespannt. Unser erstes Bild zeigt diesen Sonderzug in voller Fahrt im reizvollen Pegnitztal kurz hinter Velden.

012 061-8

012 061-8
80
80
1

Nr. 069
Bei der zweiten Fahrt über die berühmte Rampe fungierte eine weitere ehemalige Länderbahnlokomotive, die 094 730, als Schiebelok. – Das Bild zeigt den Zug kurz vor dem Block Streitmühle.

Nr. 068 (Seite 81)
Die Attraktion dieser Sonderfahrt stellte zweifellos das dreimalige Bezwingen der »Schiefen Ebene« dar. Hier der Sonderzug in der bekannten Doppel-S-Kurve bei Streckenkilometer 80, unterstützt von der als Schiebelok dienenden 078 246 (15.06.1975).

Nr. 070 ▷
Nach der dritten Fahrt über die »Schiefe Ebene« eilte der 11 Wagen umfassende Sonderzug weiter nach Hof. Unsere Aufnahme zeigt – nun wieder ohne Schiebelok – die Ausfahrt bei Marktschorgast.

012 061-8
83
1

41 018
75
4

◁ *Nr. 071*
Die allerletzte Dampflok-Sonderfahrt, die über die »Schiefe Ebene« führte, wurde am 26.09.1976 gemeinsam vom Franckh-Verlag Stuttgart und dem Deutschen Dampflok-Museum in Neuenmarkt veranstaltet. Auch hier waren wieder drei Fahrten über diese Rampe vorgesehen. Unsere erste Aufnahme zeigt den 14 Wagen umfassenden Sonderzug kurz hinter Neuenmarkt.

Nr. 072
Beim ersten Anlauf zur Bezwingung der »Schiefen Ebene« fungierte 41 018 (ex 042 018) als Zug- und 01 1066 (ex 012 066) – rückwärtsfahrend – als Schiebelok. Trotz des kräftigen und vielversprechenden Startes in Neuenmarkt-Wirsberg verlor dieser schwere Zug bereits im unteren Teil der Rampe immer mehr an Fahrt und kam schließlich in der ersten S-Kurve oberhalb des Blocks Streitmühle zum Stehen. Auch mit dem vorhandenen hohen Kesseldruck (16 atü) konnte 01 1066 ihre Leistung nicht entfalten: Wegen der bei Rückwärtsfahrt nicht ausreichend wirksamen Besandungseinrichtung begann die Lok andauernd zu schleudern und mußte somit fast das gesamte Zuggewicht der 41 018 überlassen. – Hier im Bild rollte der Zug als »Sperrfahrt« wieder zurück nach Neuenmarkt-Wirsberg.

Nr. 073
Beim zweiten Anlauf fuhr 01 1066 – nunmehr gedreht – an der Spitze des Zuges und 41 018 schob nach: Mit Bravour donnerten die beiden Lokomotiven mit ihrer schweren Last über die »Schiefe Ebene«! Das Bild zeigt den Zug beim »Schwungholen« kurz vor Beginn der Rampe.

Nr. 074
Auch die dritte und letzte Fahrt dieses Tages über die »Schiefe Ebene« demonstrierte noch einmal die gewaltige Leistung, welche die beiden ölgefeuerten Lokomotiven zu entwickeln fähig waren. – Wieder schiebt 41 018 nach.

Nr. 075
Eine weitere Lokparade, die im Bw Hof stattfand, soll uns dieses Bild in Erinnerung erhalten. Die sieben damals verfügbaren Schnellzuglokomotiven der Baureihe 01 sind nicht nur nach ihren Ordnungsnummern aufgestellt, sondern auch alle ihre vorderen Puffer weiß eingerahmt worden. Im Vordergrund jene Eisenbahner, ohne die solche Besonderheiten nicht machbar gewesen wären. Ihnen ist diese Aufnahme gewidmet (von links): Oberlokführer Erwin Ullmann, zweimal Roderer, C-Gruppenleiter Erwin Vogel, Lokdienstleiter Alfred Rödel II, Lokführer Funk mit seinem Heizer, ein Unbenannter und Drehscheibenwärter Lothar Rödiger.

001 131-2
001 150-2
001 168-4
001 180-9

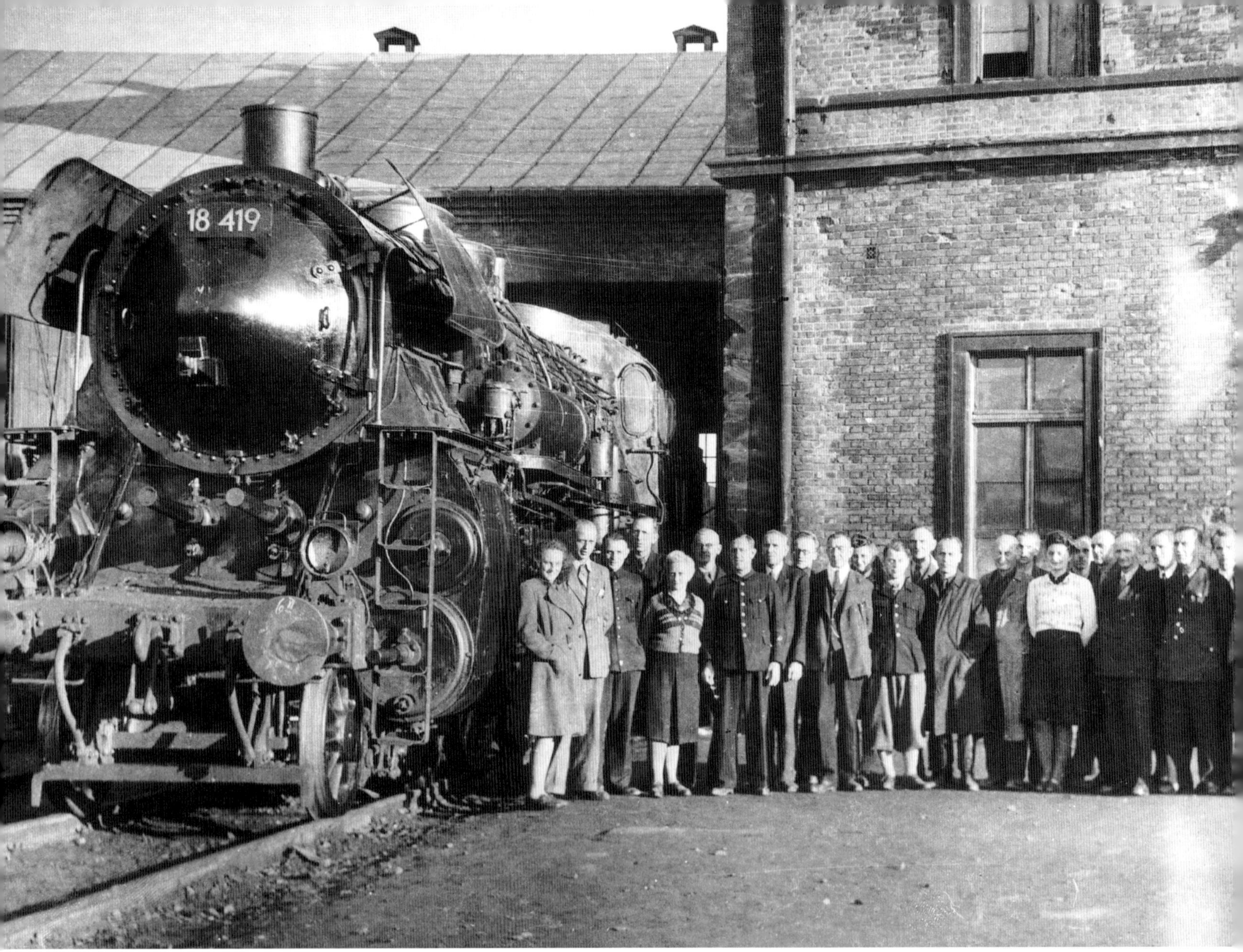

Nr. 076
Ein historisches Dokument erster Güte stellt diese im Jahre 1946 gemachte Aufnahme vom Bw Hof dar. Sie zeigt einen Teil des vorderen Rundschuppens (links) und des Verwaltungsgebäudes (rechts) mit der bayerischen Schnellzuglok S 3/6 Nr. 18 419 (2'C1'4hv) sowie die damaligen Mitarbeiter. Der Dritte von links ist der spätere Dienststellenleiter Fischer vom Bw Hof, der 14. von links J. B. Kronawitter (am Fensterrahmen), der damalige Vorstand des Bw. Die 18 419 erinnert an die verschiedenen Versuche, die Kronawitter mit Windleitblechen durchführen ließ. Zweiter von links Bw Vorstand-Stellvertreter Schade, der später Nachfolger von Kronawitter wurde. Jahre danach ist Schade nördlich von Weiden aus dem Zug gestürzt und hierbei tödlich verletzt worden (Foto J. B. Kronawitter).

Nr. 077
Sechs Jahre nach Ende des Plandienstes der Hofer 01 organisierte der Autor ein Treffen all jener Kollegen, die damals an den gezeigten Sonderaktionen beteiligt waren. Hier die Teilnehmer vor dem im Bw als Denkmal aufgestellten 01-Radsatz (von links): Hannes Haßlocher (B-Gruppenleiter), J. B. Kronawitter, Karl Beyer (Bing MA Hof), der Autor, Erwin Vogel (C-Gruppenleiter), Rudolf Fischer (Bw-Dienststellenleiter), Eckstein (Lehrlokführer MA Hof) und Alfred Rödel II (Lokdienstleiter).

Nr. 078
Mit dem Güterzug Dg 44 805 aus Reichenbach/Vogtland kam am 19.03.1977 auch die letzte, mit eigener Kraft fahrende Dampflokomotive nach Hof. Unser Bild zeigt diesen Zug mit der Vorspannlok 132 104 und der 58 1111 kurz nach dem Überschreiten der bayerischen Grenze.

Nr. 079 ▷
Die 58 1111, eine ehemalige badische G 12, hatte bei dieser Überführungsfahrt am Tender zwei originale Reichsbahn-Windleitbleche eingehängt, die für die 01 111 des Deutschen Dampflok-Museums bestimmt waren.

58 311

◁ *Nr. 080*
Nach dem Eintreffen in Hof wurde die 58 1111 abgekuppelt und Vertretern der DB und des Deutschen Dampflok-Museums übergeben. Nach einer gründlichen Untersuchung der Lok im Bw Hof wurde ihr eine Lauffähigkeit von 40 km/h bescheinigt und die Erlaubnis für die Überführung mit eigener Kraft nach Neuenmarkt erteilt. Gleichzeitig gab man der Maschine ihre ursprüngliche Reichsbahnbezeichnung zurück: 58 311.

Nr. 081
Am Nachmittag des gleichen Tages erhielt um 14.16 Uhr die nunmehr wieder mit 58 311 bezeichnete Maschine das Signal »Fahrt frei« und dampfte als Lz 89 830 mit den vorgegebenen 40 km/h nach Neuenmarkt-Wirsberg. Unsere Aufnahme zeigt die Lok auf der Schödlaser Höhe kurz vor dem Brechpunkt (19.07.1977).

◁ *Nr. 082*
Die schweren Kohlezüge mit Schiebelokunterstützung gehörten zu den imposantesten Leistungen auf dem rampenreichen Teilstück Hartmannshof–Neukirchen der Strecke Nürnberg–Sulzbach–Rosenberg. Hier wird der Güterzug 16 509 von 044 197 (Bw Weiden) geführt ...

Nr. 083
... und von der Schwandorfer 053 063 nachgeschoben. Einige hundert Meter weiter war der Brechpunkt der Steigung erreicht, und die Schiebelok fuhr auf gleichem Gleis als »Sperrfahrt« wieder zurück nach Neukirchen (30.03.1974).

044 654-2

◁ *Nr. 084*
044 654 verläßt bei Sonnenschein und 6 Grad Kälte das Heimat-Bw Weiden und wird gleich vor einen nach Regensburg bereitgestellten Güterzug setzen (12.01.1973).

Nr. 085
Bei Tau, Nebel oder Frost, wenn die Treibräder der Dampflok nur mit kräftigem Sanden vor dem Schleudern zu bewahren waren, galt die störungsfreie Fahrt über eine schwere Rampe als besonderes Kunststück, das nur erfahrene »Meister« sicher beherrschten. – Unser Bild zeigt den mit Kohle beladenen Güterzug 69 239 auf der Fahrt nach Sulzbach-Rosenberg bei Etzelwang (09.03.1974).

Nr. 086
Die zwei Weidener Güterzuglokomotiven 044 197 und 044 427, die dem BZA München oft als Bremslok bei Lastprobefahrten dienten (beide mit Gegendruckbremse), auf Lz-Fahrt in ihr Heimat-Bw in der großen Kurve hinter Weigendorf (Strecke Hartmannshof–Neukirchen, 15.03.1975).

Nr. 087
Güterzug 16 511 Nürnberg–Sulzbach-Rosenberg kurz vor Lehenhammer; es führt 044 077. Im Hintergrund erkennt man das aufgelassene Hammerwerk (06.04.1974).

Nr. 088
Güterzug 6835 Nürnberg–Weiden auf der Steigung bei Etzelwang. Auf den ersten Wagen sind militärische Güter in Kisten verladen, danach folgen zwei amerikanische Kampfpanzer vom Typ M 60. Während 050 167 (Bw Weiden) diesen Zug planmäßig führt, deutet die weiße Dampfwolke ganz hinten am Zugende ...

Nr. 089
... auf die Schwandorfer 052 185 hin, die zwischen Hartmannshof und Neukirchen nachschiebt (30.08.1974).

Nr. 090
Zu den schönsten Abschnitten der Strecke Nürnberg–Sulzbach-Rosenberg zählte die Rampe bei Etzelwang. Ab Hartmannshof wurden Schiebeloks gestellt, die im kleinen Bw von Neukirchen (Außenstelle des Bw Schwandorf) stationiert waren. Im Bild führt 044 654 einen schweren Schrotteisenzug für die Hüttenwerke in Sulzbach-Rosenberg und erhält – gerade noch sichtbar – Schub von 053 121 (Bw Schwandorf) ...

Nr. 091
... die für den schweren Eisenschrottzug gleichfalls ihre volle Leistung mobilisieren muß (06.04.1974).

Nr. 092
Nächtliche Standaufnahmen von Dampflokomotiven galten als beliebtes Motiv, verlangen aber stets lange Belichtungszeiten. Dynamische Nachtaufnahmen sind bisher nicht bekannt geworden. Bis auf zwei in diesem Buche gezeigten Ausnahmen. Diese und die auf den Seiten 248/249 gezeigten Aufnahmen. 044 077 und 051 415 (beide Bw Nürnberg Rbf) verlassen mit kräftigen Auspuffschlägen vor einem schweren Güterzug den nächtlichen Rangierbahnhof Nürnberg in Richtung Hersbruck. Das Bild entstand im Großformat 9x12 (Linhof Supertechnika) mit Unterstützung von 16 Metz-Elektronikblitzen, die über den Hilfs- oder Zündblitz der Kamera und Fotozellen kabellos gezündet wurden.

Nr. 093
Güterzug 6831 verläßt frühmorgens Hartmannshof in Richtung Neukirchen (30.03.1974).

Nr. 094
052 186 und 051 998 mit einem Güterzug Nürnberg–Weiden kurz vor Neukirchen (12.05.1973, Foto: J. S. Whiteley, England).

Nr. 095
050 270 hat mir ihrem Güterzug die Steilrampe hinter sich gebracht und dampft nun weiter nach Sulzbach-Rosenberg. Auf dem ersten Güterwagen wird ein Kampfpanzer der Bundeswehr vom Typ M 48 A1 mitgeführt. Selbst dessen Kennzeichen Y-494 083 ist noch zu erkennen. – Diese Aufnahme entstand bei Streckenkilometer 46.4 östlich von Neukirchen. Rechts im Bild ist noch die Strecke nach Weiden zu sehen. Auch die beiden Eisenbahnfreunde links sollen Erwähnung finden, weil sie sich auf die Bitte des Autors als Zeitzeugen zur Verfügung gestellt hatten.

Nr. 096
Auf der Steilrampe bei Etzelwang schiebt die Schwandorfer 052 185 den von der Weidener 044 657 geführten schweren Schrotteisenzug nach. Der Streckenkilometerstein 41.6 verrät uns den genauen Standpunkt dieses Bildes.

Nr. 097
044 657 führt den auf Seite 112 bereits beschriebenen Schrotteisenzug bei Etzelwang in Richtung Sulzbach-Rosenberg. Dieses Bild zeigt nicht nur den gesamten ca. 30 Wagen umfassenden Zug, sondern läßt links hinten auch noch die hart arbeitende Schiebelok 052 185 erkennen.

Nr. 098
052 722 und eine Schwestermaschine vor einem Güterzug Nürnberg–Sulzbach-Rosenberg auf der Steilrampe kurz vor der Einfahrt von Neukirchen. Links im Gebüsch steht das Schild »Halt für Rangierfahrten!«.

Nr. 099
Nur ca. 500 m vor dem links gezeigten Standort entstand diese Aufnahme des Güterzuges Nürnberg–Weiden, geführt von 044 487. Der Abdampf der Lok läßt erkennen, daß mit »hellen Feuer« gefahren wird. Die beim Zug durchgehend vorhandene Bildschärfe beweist wieder einmal die Tugenden einer nach Scheinpflug einstellbaren Großformat-Plattenkamera.

Nr. 100
Schnellzug D 1466 Dresden–Hof–Nürnberg–Stuttgart verläßt auf der Strecke durch das Pegnitztal den südlich von Enzendorf gelegenen Vogelherd-Tunnel. – Die Deutsche Gesellschaft für Eisenbahn-Geschichte (DGEG) arrangierte am 21.10.1973 als letzten Abschied von der Baureihe 01 eine Sonderfahrt, die von Nürnberg über Treuchtlingen und Ingolstadt nach Regensburg und wieder zurück nach Nürnberg führte. Die hierfür vorgesehene, noch in Hof verbliebene 001 008 wurde am Tag zuvor im Rahmen einer »Zuführungsfahrt« mit dem hier abgebildeten, normalerweise in 218-Doppeltraktion bespannten Schnellzug von Hof nach Nürnberg gebracht. – Dankend sollen hier die verantwortlichen Hofer Beamten erwähnt werden, die der Bitte des Autors entsprachen und für diese Dokumentation ausnahmsweise die Dampflok nicht hinter, sondern vor die Diesellok spannen ließen. – Strömender Regen und schlechte Lichtverhältnisse erlaubten leider keine bessere Bildqualität.

Nr. 101 ▷
Nach der Ankunft in Nürnberg fuhr die 001 008 ins Bw Nürnberg Rbf. Zum Abschied wurde sie dort mit anderen Maschinen zu einer kleinen Dampflok-Parade aufgestellt (20.10.1973). – Für den Ortskundigen: Diese Aufnahme wurde vom Führerhausdach einer 260 erstellt, die als mobile Fotoplattform diente.

001 008-2
044 657-5

◁ *Nr. 102*
Nach der besonderen Leistung vor Schnellzug D 1466 (Seite 117) und der kleinen Lokparade (Seite 118) bat der Autor das tüchtige Lokpersonal vom Bw Hof, Lokführer Eberhard Müller (rechts) und Heizer Klaus Putzer, zum Erinnerungsbild auf die Pufferbohle »ihrer« 001 008 (Bw Nürnberg Rbf, 20.10.1973).

Nr. 103
Die zuvor schon beschriebene Sonderfahrt der DGEG als letzten Abschied von der Baureihe 01 führte von Nürnberg über Treuchtlingen und Ingolstadt nach Regensburg sowie wieder zurück. Hier sehen wir 001 008 mit diesem Sonderzug auf der Rückfahrt von Regensburg nach Nürnberg in der Nähe von Beratzhausen. Weil diese Strecke schon seit langem nicht mehr mit Dampflok befahren worden war, wurde dem Hofer Personal ein Streckenlotse vom Bw Nürnberg Rbf beigestellt. Ganz rechts am Bildrand J. B. Kronawitter, Lektor und oftmaliger Begleiter des Autors. Nach geglückter Aufnahme klappt dieser zufrieden lächelnd seine alte Voigtländer Kamera zusammen (21.10.1973).

2. Rheine und Emslandstrecke

In den letzten Jahren des Dampfbetriebes bei der Deutschen Bundesbahn konnte wohl kein anderes Bahnbetriebswerk so viele Besucher aus dem In- und Ausland aufweisen wie Rheine. Dort standen noch bis Mai 1975 die mächtigen, dreizylindrigen Pacifics der Baureihe 012 im schweren Schnell- und Eilzugeinsatz. Weiterhin wurde ein Großteil des Güterverkehrs ebenfalls mit ölgefeuerten Vier- oder Fünfkupplern bedient. Hierzu zählten insbesondere die 4000-t-Erzzüge von Emden nach Rheine, die in der Regel mit 043-Doppeltraktion gefahren wurden. Schließlich fand das Dampflokzeitalter bei der Deutschen Bundesbahn am 26.10.1977 auch in Rheine sein unverrückbares Ende: Als letzte Leistung einer Dampflok brachte 043 903 den Zug 81 453 von Oldersum nach Emden.

Nr. 104
Dampflokparade im Bw Rheine! Zum Abschied sind je zwei Vertreter der damals noch vorhandenen Baureihen 012, 042 und 043 angetreten und lassen gemeinsam ihre Dampfpfeifen ertönen! Für diese Aufnahme wurde das Stativ der Großformat-Kamera auf dem Führerhausdach einer weiteren Dampflok postiert und mit dieser in die gewünschte Position rangiert (29.05.1975). – Erfreulich, daß die beiden hier gezeigten Schnellzuglokomotiven 012 081 und 012 100 der Nachwelt erhalten worden sind.

7
10
11
12
012 081-6
043 094-2
043
012
042

Nr. 105
Trotz des großen Betriebsumfanges und der vielen Besucher zeigten Bw-Leitung und Personal in Rheine immer Verständnis und Entgegenkommen, wenn es um die fotografische Dokumentation der nur noch kurz bestehenden Dampflokzeit ging. Als Dank dient diese Aufnahme: Dienststellenleiter Gerhard Plankert (vierter von links) stellt sich mit Lokpersonal zum Abschiedsbild (29.05.1975).

Nr. 106
012 081 mit E 3260 Norddeich–Rheine durcheilt den Einschnitt bei Lathen (02.05.1975).

257

◁ *Nr. 107*
Schnellzug D 715 Norddeich–Rheine(–Frankfurt–München) in voller Fahrt; Streckenbild von der Heizerseite der Zuglok 012 066 bei 120 km/h, die mit diesem Zug ihre letzte planmäßige Leistung erbrachte (31.05.1975).

Nr. 108
012 063 mit E 2738 Norddeich–Rheine(–Wuppertal–Köln) bei Aschendorf auf der Fahrt nach Süden (30.05.1975).

Nr. 109
Eilzug E 3265 Rheine–Emden nördlich von Meppen, es führt 012 075 (03.05.1975).

Nr. 110

Nicht für die Geschichtsschreibung, aber für Eisenbahnfreunde eine historische Aufnahme: Der letzte in der Geschichte der Deutschen Bundesbahn planmäßig mit einer Dampflok bespannte Schnellzug in voller Fahrt bei Meppen. – An jenem denkwürdigen 31.05.1975 wurde der Schnellzug D 714 (München–)Rheine–Norddeich von der leistungsstarken und immer noch eindrucksvollen Dreizylinder-Pacific 012 081 nach Norden gebracht.

Nr. 111
Blick auf den Führerstand der in voller Fahrt befindlichen Rheiner 012 066: Während links im Bild der Heizer den Ölschieber verstellt ...

Nr. 112
... beobachtet rechts der Lokführer Strecke und Geschwindigkeitsmesser.

Nr. 113
012 100 donnert mit Schnellzug D 715 Norddeich–Rheine(–München) über die nördlich von Lathen im Einschnitt gelegene Steigung (30.05.1975).

Nr. 114
Ein letztes Mal wurde der bereits links gezeigte Schnellzug D 715 am darauffolgenden Tag mit einer Rheiner 012 bespannt. Hier wartet 012 066 im Bahnhof Leer auf das Abfahrtsignal (31.05.1975).

Nr. 115
Schnellzuglokomotive 012 081 im Bw Rheine. Diese ölgefeuerten Dreizylinder-Pacifics waren für eine Höchstgeschwindigkeit von 140 km/h zugelassen. Mit einer Kesselleistung von rund 16,5 to Dampf pro Stunde konnten sie an Zughaken ca. 2.060 PSe erbringen. Die indizierte Zylinderleistung wurde mit 2.470 PSi angegeben. Damit durfte sie als leistungsstärkste Dampflokomotive der Deutschen Bundesbahn bezeichnet werden. Auf der Strecke Rhein–Norddeich durfte sie ihre Höchstgeschwindigkeit von 140 km/h jedoch nicht ausfahren. Wegen der Signalabstände waren diese Strecken nur für 120 km/h zugelassen. – Unsere Aufnahme vermittelt einen klaren Überblick der Gesamtkonstruktion dieser Lokomotive. Links vom Kreuzkopf erkennt man auch das Fangeißen für die Treibstange, wie dies noch einmal bei Bild Nr. 124 beschrieben wird (Mai 1973).

012 081-6

Nr. 116
Während hier 012 066 vor Schnellzug D 735 (Köln–)Rheine–Norddeich mit 120 km/h am Block Mehringen vorbei nach Norden donnert ...

Nr. 117
... beschleunigt mit der gleichen Maschine – jedoch genau vier Wochen später – der Lokführer den Schnellzug D 715 Norddeich–Rheine (–München) auf die zulässige Höchstgeschwindigkeit. Seine linke Hand ruht auf dem Steuerrad, die rechte umfaßt das Zusatzbremsventil (31.05.1975).

043 167-6

Nr. 118
Zu den bekannten Leistungen der Rheiner Güterzuglokomotiven zählten die 4.000 to Erzzüge (Doppelpark), die von Emden ins Ruhrgebiet zu bringen waren. Hier sehen wir die ölgefeuerten Rheiner 043 167 und 042 160 in voller Fahrt im bekannten Einschnitt bei Lathen. Der Streckenkilometer 274.6 verrät den genauen Standort dieser Aufnahme. Daß dieses Bild ohne die im Vorwort beschriebene Regie entstanden ist, erkennt man am Verhalten der beiden Heizer. Während der Erstere unbeteiligt nach hinten schaut, scheint der Letztere sich ein Nickerchen zu gönnen (Mai 1973).

Nr. 119

Trotz der Nachteile, welche die Dampflokomotive gegenüber den modernen Traktionsarten besaß, zogen die meisten Rheiner Lokführer den Dienst auf einer 012 vor und wechselten nur ungern auf den Führerstand einer Diesellok. – Zur Erinnerung an die allerletzte Leistung der 012 066 stellen sich hier die beiden Rheiner Lokführer Bartella und Bruns dem Fotografen (31.05.1975).

Nr. 120
Ein Eisenbahnfreund aus Hannover brachte seine Modellausführung gleicher Nummer mit und nahm so auf ganz persönliche Weise Abschied von der schon links gezeigten 012 066 (31.05.1975).

Nr. 121
Der letzte mit einer Dampfschnellzuglokomotive bespannte Reisezug der Deutschen Bundesbahn wurde am 31.05.1975 mit 012 063 von Rheine nach Emden Hbf gebracht. Das Bild zeigt diesen E 3265 bei Streckenkilometer 262 nördlich von Meppen.

Nr. 122
Blick ins Bw Rheine; 012 081, 043 326 und 012 066 warten auf den nächsten Einsatz (31.05.1975).

Nr. 123
Die Schnellzuglokomotive BR 012 verfügt über ein Dreizylindertriebwerk, bei dem der dritte Zylinder innen gelagert und um 600 mm nach vorne gezogen ist. Dieser Zylinder wirkt auf die erste Antriebsachse. Trotz des Vorziehens dieses Innenzylinders reduzierte sich die Länge der Treibstange im Vergleich zu den Außenzylindern um ganze 1700 mm. Aus dieser kürzeren Länge resultieren wiederum höhere Winkelkräfte für die Treibstange. Die erste Treibachse ist als Kropfachse ausgebildet und aus Stahl in einem Stück gegossen. Hier werfen wir einen Blick unter die Lok und sehen diese Kropfachse mit Treibstangenlager, Lagerstellkeil und allen anderen Details. Rechts und links sind auch noch Teile der Achslager und des Barrenrahmens zu erkennen.

Nr. 124
Ein weiteres Bild, das einem Eisenbahnfreund wohl stets verborgen bleibt: Hier erkennen wir vom Innenzylinder den Kreuzkopf, den vorderen Teil der Treibstange sowie viele weitere Details. Der Rahmen im Vordergrund ist das Fangeisen für die Treibstange, falls diese einmal brechen sollte. Im unteren Teil dieser Aufnahme ist noch das vordere Drehgestell der Lok mit seiner hinteren Laufachse zu sehen. Links und rechts erkennt man Teile des Barrenrahmens.

Nr. 125
Vom Führerstand aus erlebte Zugbegegnung auf der Strecke Rheine–Emden bei Dörpen. Während unsere 012 066 mit Schnellzug D 735 Wuppertal–Nordeich nach Norden eilt, fährt D/E 734 Nordeich–Wuppertal–Köln mit 012 100 nach Süden (28.05.1973).

Nr. 126
012 101 passiert mit Eilzug E 1830 Salzbergen in Richtung Rheine. Die Strahlen der Abendsonne verleihen diesem Bild eine besondere Atmosphäre. – Der mit starkem Rauch versehene Abdampf resultiert aus der Konstruktion der Ölbrenner (Mai 1973).

Nr. 127
Bis auf die Triebwagen beherrschte noch Anfang der 70er Jahre die Dampftraktion fast den gesamten Verkehr auf der Emslandstrecke. Im Bild eilt der abendliche E/N 1809 Münster–Rheine–Leer mit 012 082 gen Norden, aufgenommen bei Salzbergen (Mai 1973).

Nr. 128
Der Einschnitt zwischen Lathen und Aschendorf gehörte zu den meistbesuchten Streckenabschnitten im Emsland. Neben dem sonst flachen Verlauf dieser Nord-Süd-Verbindung weist alleine dieser Teil eine beachtliche Steigung auf. – Hier Eilzug E 3260 mit 012 081 auf der Fahrt nach Süden.

Nr. 129
042 160 fährt mit einem Kesselwagenzug bei Abendlicht in den Bahnhof Salzbergen ein (Mai 1973).

Nr. 130 ▷
Blick über die Kesselscheitel zweier Front an Front stehender Dampflokomotiven der Baureihe 042. Deutlich sind die Überdruckventile, Dampfentnahmestutzen, Pfeife, Reglergestänge und andere Anbauteile zu erkennen.

Nr. 131
Mit 10 Wagen am Zughaken verläßt 012 066 mit D/E 734 Nordeich–Wuppertal–Köln den Bahnhof Lingen (Ems) in Richtung Rheine. – Der Neubaukessel mit Ölhauptfeuerung konnte stündlich ca. 16,5 to Dampf erzeugen. Hieraus resultierte eine maximale Zughakenleistung (PSe) von ca. 2.060 PS bei rund 60 km/h. Mit diesen Voraussetzungen waren die Rheiner 012 leicht in der Lage, die vorgegebenen Fahrtzeiten sicher einzuhalten und auch schwerste Reisezüge pünktlich an ihr Ziel zu bringen (Mai 1973).

Nr. 132 ▷
Die ölgefeuerte Schnellzuglok 012 055 wartet im Bw Rheine auf ihren nächsten Einsatz. Die abblasenden Sicherheitsventile zeigen, daß der Kessel schon über Nenndruck steht. Auch ist das Glas der linken Leuchte gebrochen (29.03.1972, Foto A. Schöppner).

012 055-0
7
11

044 472-9

Nr. 133
Blick ins Bw Rheine. 044 472 vom Bw Emden wartet in der Frühlingssonne auf ihren nächsten Einsatz. Wie auch die Baureihe 012 besaß diese Güterzuglokomotive ein Dreizylindertriebwerk. Der Innenzylinder wirkte auf die zweite Achse. Durch die kleineren Treib- und Kuppelradsätze (1400 anstelle von 2000 mm) war dieses Innentriebwerk leichter zugänglich als bei der großrädrigen 012 (Mai 1973).

274
6

◁ *Nr. 134*
Bauzug auf der Fahrt durch den Einschnitt bei Lathen, es führt 042 164 (02.05.1975).

Nr. 135
Auf der Fahrt nach Süden passiert bei strömendem Regen 042 218 mit einem Ölzug den Block Mehringen.

Nr. 136

Die schweren 4000-t-Erzzüge von Emden nach Rheine wurden in der Regel mit zwei 1'E-Lokomotiven der Baureihe 043 oder 044 gefahren. Je nach Verfügbarkeit oder Umlaufplan der einzelnen Maschinen kamen jedoch häufig auch die 1'D 1'-Lok BR 042 zum Einsatz. Während im linken Bild (03.05.1975) der Gdg 52 912 von 043 167 und 042 083 geführt wird ...

Nr. 137
... bringen rechts 042 018 und 043 606 den Gdg 52 918 über die Steigung
bei Lathen (02.05.1975).

044 162-6

◁ *Nr. 138*
Auch die in Emden beheimateten »Jumbos«, die kohlegefeuerten Schwestermaschinen der 043er, wurden zahlreich auf der Emslandstrecke eingesetzt. Hier durchfährt 044 162 mit einem Kohlezug Salzbergen (Mai 1973).

Nr. 139
Südlich des Einschnittes bei Lathen führt die Bahnstrecke durch größere Kiefernwälder. Hier sehen wir 043 167 und 044 569 mit einem 4.000 to Erzzug von Emden nach Rheine im Waldgebiet bei Haren. Es kam des öfteren vor, daß diese »Doppelparks« gemeinsam von Lokomotiven aus Rheine und Emden bespannt wurden (22.05.1974, Foto A. Schöppner).

Nr. 140
042 113 und 042 358 warten im Bw Rheine auf ihren nächsten Einsatz. Diese Baureihe war universell einsetzbar und als ehemalige »Schnellgüterzuglokomotive« sowohl vor Reise- als auch vor Güterzügen zu finden (Mai 1973).

Nr. 141
Treibrad einer Güterzuglokomotive BR 042. Im Vordergrund die Treibstange mit Treibstangenlager, Gegenkurbel und Schwingenstange. Das Gegengewicht des Rades dient dem Massenausgleich (1. Ordnung) und lag in seiner Wirkung bei rund 20%. Einen Hinweis verdienen auch die Scherenbremsen, die Sandungseinrichtungen mit Druckluftbedienung und der gut erkennbare Barrenrahmen.

Nr. 142
Bis zum 15. Januar 1976, an dem die letzten acht in Emden stationierten 044er nach Ottbergen umbeheimatet wurden, konnten die schweren 4000-t-Erzzüge oftmals in gemischter Bespannung beobachtet werden. Während im linken Bild 044 180 und 043 196 am 29.05.1975 als Lz nach Norden eilen ...

Nr. 143
... wird hier dieser 4000-t-Erzzug (Gdg 52 912) von 043 666 und 044 360 mit kräftigen Auspuffschlägen nach Süden befördert (30.05.1975).

Nr. 144
Das Personal der 043 364 wartet im Bahnhof Rheine auf das Ausfahrtsignal (03.05.1975).

Nr. 145
043 321 führt mit einer Schwestermaschine einen 4000-t-Erzzug über die Steigung im Einschnitt bei Lathen (Mai 1975).

Nr. 146
044 671 mit einem Kohlezug auf dem Wege nach Norden, im Hintergrund der Dom von Rheine (Mai 1973).

Nr. 147
Die volle Kraftentfaltung einer Dampflokomotive – beim Anfahren oder auf Steigungen – faszinierte trotz hundertmaliger Wiederholung immer wieder aufs neue: Hier der 4000-t-Erzzug Gdg 52 918 mit 042 018 und 043 666 bei Lathen (30.04.1975).

043 131-2

Nr. 148
043 131 führt eine Leergarnitur zurück nach Emden, aufgenommen in voller Fahrt bei Salzbergen. Ein beladener Doppelpark mit 50 Wagen kam auf 4.000 to Gesamtgewicht, ein unbeladener nur auf rund 1.500 to. In der Regel wurden mit diesen Selbstentladewagen Eisenerz, Kohle oder andere Massen- bzw. Schüttgüter transportiert (Mai 1973).

Nr. 149

044 534 vom Bw Emden eilt als Lz nach Norden, aufgenommen bei Aschendorf, Strecke Rheine–Emden. Ein beliebtes Motiv waren »mitgezogene« Aufnahmen von fahrenden Objekten. In diesem Falle wurde eine niedrige Verschlußzeit (bei Format 6x6 z.B. 1/30sec) gewählt und die Hasselblad auf dem Stativ genau auf Schienenniveau mit der Lokomotive geschwenkt. Hierdurch kam diese Lok zwar scharf zur Abbildung, die Umgebung, der Abdampf und auch die Treib- und Kuppelräder sind nur noch schemenhaft zu sehen (28.05.1975).

Nr. 150
Eine weitere 4.000 to-Garnitur (Doppelpark), wieder im Einschnitt bei Lathen abgelichtet, eilt mit 043 321 und einer Schwestermaschine nach Süden. Der Streckenkilometerstein 274.5 verrät den genauen Fotostandort. Auf der Pufferbohle der ersten Lok ist die Aufschrift »Unt. Bwg. 29.04.1975« angebracht. Dies bedeutet, daß diese Lokomotive noch im April 1975 eine Untersuchung im Ausbesserungswerk Braunschweig erhalten hat. Den genauen Umfang dieser Arbeiten kennen wir aber nicht (Mai 1975).

Nr. 151
Deutlich sichtbar beschleunigen noch im Bahnhof Lathen die beiden kohlegefeuerten Güterzuglokomotiven 044 481 und 044 162 einen 4.000 to Erzzug von Emden nach Rheine. Bei der ersten Lokomotive waren vermutlich wieder Eisenbahnfreunde am Werke und haben die Ordnungsnummer 0 für Dampflokomotiven und die Kontrollziffer rechts unleserlich gemacht (18.09.1973, Foto A. Schöppner).

Nr. 152
Als Lz (Lokzug) eilen eine 043 und eine 042 im Abendlicht nach Norden, aufgenommen nördlich von Meppen. Die noch ganz frische Nachlackierung der führenden Maschine läßt vermuten, daß diese noch vor kurzer Zeit eine Bedarfsausbesserung erfahren hat (Mai 1973).

3. Um Lauda und Crailsheim – Dampfbetrieb im Hohenloher und nordwestlichen Frankenland

Bis zum Beginn des Sommerfahrplanes 1975 konnten die in Crailsheim beheimateten Dampflokomotiven der Baureihe 023 und 050 (-053) noch mit vielfältigen Leistungen aufwarten. Neben Reisezügen nach Heidelberg, Nürnberg, Ansbach und Aalen wurden auf der Strecke Crailsheim–Lauda fast alle Personen- und Güterzüge mit Dampflokomotiven bespannt. Die zahlreichen Steigungen, die kurvenreiche Streckenführung und nicht zuletzt der landschaftliche Reiz der Hohenloher Ebene, des Vorbach- und des Taubertales ließen den Besuch dieser Bahnlinie immer wieder zum Erlebnis werden. In diesem Kapitel ist ihr ein großer Teil gewidmet. Hinzu kamen die verschiedenen Luftaufnahmen, die von Güter- und Reisezügen in jener reizvollen Landschaft entstanden sind. Dies gilt auch für das Bw Crailsheim, welches uns in verschiedenen Vogelperspektiven in Erinnerung erhalten wird.

Nr. 153
Personenzug N 4707 Crailsheim–Ansbach auf der Steigung vor Ellrichshausen, es führt 023 029 (23.02.1974).

Nr. 154 ▷
Mit zwei Maschinen verläßt der Personenzug N 2725 Lauda–Crailsheim den Bahnhof Rot am See. Zur Planlok 023 050 dient 051 795 als Vorspann.

051 795-3

Nr. 155
Vom Jahresbeginn 1970 bis zum Juli 1971 kamen im Raum Lauda Schnellzuglokomotiven der Baureihe 003 vom Bw Ulm zum Einsatz. Hier sehen wir 003 276 vor Eilzug E 1910 nach Ulm aus dem Bahnhof Lauda ausfahren. In jener Zeit galt Ulm als Auslauf-Bw für diese letzten Flachland-Pacifics. Diese Baureihe zählte nicht zu den Favoriten des Autors, weil sie nur eine mäßige Leistung zu bieten hatte und bei höheren Geschwindigkeiten sehr unruhig lief. Vergleichbare Pacifics, die in Frankreich oder England zur gleichen Zeit eingeführt wurden, wiesen wesentlich bessere Eigenschaften auf (11.10.1970, Foto A. Schöppner).

Nr. 156
003 088 im Bw Ulm. Waren im Januar 1971 dort noch 10 dieser leichten Pacifics zu finden, konnte dieses Bw zum 01.02.1972 nur noch über drei Maschinen verfügen. Ulm war auch das Auslauf-Bw dieser leichten Schnellzugmaschinen. Unsere 003 088 hatte die Ehre, die letzte Maschine ihrer Baureihe im Plandienst zu sein. In Kenntnis der Pacific-Konstruktionen in England, Frankreich und den USA hat der Autor nie einen Hehl daraus gemacht, daß diese Reichsbahnbaureihe nur als technischer Durchschnitt zu werten ist. Heute ist dies Geschichte!

Nr. 157
Von Weikersheim bis Schrozberg führt die Tauberbahn nach Crailsheim durch das Vorbachtal immer bergauf. Die größte Steigung mit 1:70 ist zwischen den Bahnhöfen Niederstetten und Schrozberg. Am 16. Mai 1970, einem Sonntag, hat 003 248 mit dem Nahverkehrsschnellzug N 1872 (Lauda–Backnang) bei Oberstetten alle Kraft aufzubieten, um die Fahrtzeit des Fünfwagenzuges zu halten (Foto A. Schöppner).

Nr. 158 ▷
Mit mächtigen Auspuffschlägen verläßt 003 168 mit Eilzug E 1910 den Bahnhof Lauda in Richtung Ulm. Links ist noch der Aufsichtsbeamte zu sehen, der dem Lokführer den Abfahrauftrag erteilt hat (20.12.1970, Foto A. Schöppner).

LAUDA
003 168-2

003 131-0

◁ *Nr. 159*
003 131 mit Eilzug E 1910 (Lauda–Ulm) in voller Fahrt, aufgenommen kurz vor dem Einfahrsignal vom Bahnhof Königshofen. Der nur fünf Wagen umfassende Eilzug stellt keine allzu große Herausforderung für diese Schnellzuglokomotive dar. Mit der hier gezeigten Anhängelast von ca. 210 to könnte sie auch noch eine 5‰ Steigung mit einer Geschwindigkeit von rund 110 km/h nehmen (18.04.1971, Foto A. Schöppner).

Nr. 160
Auf der Strecke zwischen Lauda und Crailsheim wird kurz nach dem Bahnhof Niederstetten ein Bergsporn mit dem Schloß Haltenbergstetten untertunnelt. 003 248 hat mit Eilzug E 1910 (Lauda–Crailsheim–Ulm) gerade diesen 272 Meter langen Niederstettener Tunnel verlassen und nimmt Anlauf auf die Steigung bei Schrozberg (20.05.1971, Foto A. Schöppner).

◁ *Nr. 161*
Die Eisenbahn aus der Vogelperspektive: Personenzug N 7511 Lauda–Crailsheim, ausnahmsweise in Doppelbespannung, durcheilt das morgendliche Taubertal bei Edelfingen (25.04.1975, Luftaufnahme von der Regierung in Oberbayern unter GS 300/6969 freigegeben).

Nr. 162
Zur Mittagszeit verkehrte zwischen Bad Mergentheim und Weikersheim ein Personenzug, bei dem die eingesetzte Baureihe 023 auf der Hinfahrt (N 2809) normal, auf der Rückfahrt (N 2722) Tender voraus fuhr, da in Weikersheim keine Drehmöglichkeit bestand. Das Bild zeigt diesen Zug auf der Tauberbrücke kurz vor Weikersheim, im Hintergrund links Ort Elpersheim (16.03.1974).

Nr. 163
Zwei Crailsheimer 50er mit Güterzug Dg 56 391 passieren auf der Steigung nach Niederstetten den Haltepunkt Vorbachzimmern. Die ersten drei vierachsigen Schwerlasttransportwagen sind mit Schützenpanzern vom Typ »Marder«, die zwei folgenden sechsachsigen mit amerikanischen Brückenlegepanzern beladen (08.03.1975).

H
TWH

◁ *Nr. 164*
Kreuzkopf einer Personenzuglokomotive BR 023, dahinter das erste Kuppelrad. Von der Kreuzkopfgleitplatte über das Treibstangenlager bis hin zu dessen Schmiergefäß sind alle Details dieser relevanten Maschinenkomponenten zu sehen. Fast wie wenn man vor der Lokomotive stehen würde (Mai 1973).

Nr. 165
052 988 und 023 030 verlassen mit dem Personenzug N 7543 Königshofen in südlicher Richtung. Die geringe Zuglast von nur vier Wagen zeigt, daß die erste Lok nur zur Vermeidung einer Leerfahrt vorgespannt wurde (22.03.1975).

023 018-5
EDELFINGEN

◁ *Nr. 166*
Personenzug N 7523 Lauda–Bad Mergentheim verläßt mit 023 018 und 023 030 Edelfingen in südlicher Richtung (01.03.1975).

Nr. 167
Der morgendliche Personenzug 7511 Lauda–Crailsheim wurde an jenem schönen Märztage von 023 002 geführt, aufgenommen zwischen Niederstetten und Schrozberg. Nur wenige 100 Meter nördlich von dieser Stelle geschah 2003 das schreckliche Eisenbahnunglück mit dem Frontalzusammenstoß von einem Triebwagen und einem von einer Brennkraftlok geführten Reisezug. – Während bei dieser Aufnahme die Schienenköpfe punktscharf abgebildet sind, läßt die Lok eine leichte Bewegungsunschärfe erkennen. Auch diese Aufnahme folgt den optischen Gesetzen, die auch eine Großformatkamera mit maximal 1/500 sec Verschlußzeit nicht außer Kraft setzen kann (28.03.1975).

Nr. 168
Die Crailsheimer 023 039 hat mit N 3873 (Würzburg–Lauda–Osterburken) den 272 Meter langen Eubigheimer Tunnel verlassen und eilt im Gefälle zum nächsten Halt Eubigheim (16.06.1973, Foto A. Schöppner).

Nr. 169
Auf der Steigung zwischen Niederstetten und Oberstetten führt 051 362 einen schweren Güterzug bergwärts. Am Zugende schiebt 044 558 nach. Im fernen Hintergrund ist noch das Schloß Haltenbergstetten zu erkennen. Der Güterzug selbst weist eine interessante Vielfalt auf. An dritter Position erkennt man einen mit Kessel beladenen Tiefladewagen. Danach folgen acht verladene Kampfpanzer vom Typ M 48 und zum Schluß hochbeladene Niederbordwagen. Kein Wunder, daß bei dieser Anhängelast eine Schiebelok vonnöten war (02.10.1971, Foto A. Schöppner).

Nr. 170
Der Güterzug Sg 5321 mußte im Bahnhof Königshofen einen Zwischenhalt einlegen, um einen vorrangigen Eilzug vorbeizulassen. Nach erteiltem Abfahrauftrag legen sich die Lokomotiven 023 006 (Bw Crailsheim) und 052 759 (Bw Heilbronn) mächtig ins Zeug, ihren schweren Zug wieder in Fahrt zu bringen. Noch in den 60er Jahren hatte dieser Zug immer donnerstags eine größere Anzahl von Kühlwagen mitgeführt, die mit Fischen von den deutschen Nordseehäfen kamen. Diese Funktion brachte dem Sg 5321 auch den Namen »Fischzug« ein (Foto A. Schöppner).

Nr. 171 ▷
In der kalten Jahreszeit ist die Kondensation des Abdampfes besonders gut. Mit Nahverkehrsschnellzug N 2712 von Lauda verläßt 023 040 den Bahnhof Königshofen in Richtung Crailsheim–Backnang (31.12.1970, Foto A. Schöppner).

023 040-9

Nr. 172
Der hölzerne Fußsteg zum Bw Crailsheim bot nicht nur einen schönen Überblick, sondern auch eine gute Gelegenheit, ein- und ausfahrende Lokomotiven von oben abzulichten. Hier sehen wir 052 580 auf dem Wege zum Bahnhof Crailsheim. Loknummer und Kessel verraten, daß es sich hier um eine BR 50 ÜK handelt (14.04.1971, Foto A. Schöppner).

Nr. 173
260 780 und 053 097 verlassen mit einem schweren Güterzug den Bahnhof Crailsheim, um diesen nach Heilbronn zu bringen. Die als Vorspann dienende Rangierlokomotive BR 260 780 war wohl nur zur Vermeidung eines Lz (Lokzug) zu diesem Einsatz gekommen.

044 953-8

◁ *Nr. 174*
Portrait einer schweren Güterzuglokomotive 044 953. Die mit Blitzlicht unterstützte Aufnahme läßt deutlich den Innenzylinder nebst Schieberkasten erkennen.

Nr. 175
Am Vormittag des 14. April 1971 verläßt die Güterzuglokomotive 044 346 mit dem schweren Dg 7205 den Güterbahnhof Crailsheim in Richtung Ansbach–Nürnberg. Auf Strecken mit langen Steigungen und schwerer Anhängelast stellte die Baureihe 44 hohe Anforderungen an den Heizer. So kam es, daß auf manchen Strecken diese Lok sogar mit zwei Heizern gefahren wurde. Die Frage, warum auf dieser schweren Dampflok keine mechanische Rostfeuerung (Stoker) zum Einbau kam, wie wir dies aus den USA, Frankreich, Südafrika und der Tschechoslowakei kennen, konnte kein Mitarbeiter der DB dem Autor sachlich begründen (Foto A. Schöppner).

Nr. 176
023 058 donnert mit Personenzug N 7511 Lauda–Crailsheim die Steigung bei Schrozberg hoch (29.03.1975).

Nr. 177
Vor einem Güterzug nach Ansbach überqueren beide 50er die Jagstbrücke in Crailsheim (25.04.1975, Luftaufnahme von der Regierung in Oberbayern unter GS 300/6969 freigegeben).

023 057-2

Nr. 178
Selten schien die Sonne so schön und blieb die Luft so kalt wie an jenem 8. März des Jahres 1975, an dem hier der Personenzug N 7511 mit 023 067 und mächtigen Auspuffschlägen Satteldorf in Richtung Crailsheim verläßt.

Nr. 179
Zu den besonderen Erlebnissen auf der Strecke Lauda–Crailsheim gehörte der samstags immer in Doppeltraktion gefahrene Güterzug 56 391, den wir hier mit 052 406 und einer Schwestermaschine auf der Steigung bei Oberstetten sehen. Die Vertreter der modernen Traktionsmittel werden den Eisenbahnfreund längst nicht mit einer derartig sichtbaren Kraftentfaltung begeistern können (29.03.1975).

Nr. 180
Blick ins Bw Crailsheim – aus der Vogelperspektive! Trotz der fortschreitenden Verdieselung stehen rechts vor dem Rundschuppen zwei 50er unter Dampf. Bei der Drehscheibe links oben erkennt man neben zwei weiteren 50ern noch eine Lok Baureihe 23 (25.04.1975, Luftaufnahme von der Regierung in Oberbayern unter GS 300/6969 freigegeben).

Nr. 181
In Königshofen wird das hier in die Tauber mündende Flüßchen Umpfer von den Bahnlinien Lauda–Osterburken und Lauda–Crailsheim gekreuzt. 023 018 mit dem Nahverkehrsschnellzug N 5873 (Würzburg–Osterburken) hat den Bahnhof Königshofen verlassen und überquert auf der Brücke diesen kleinen Wasserlauf. Wenige Wochen später war diese Aufnahme nicht mehr möglich, da Elektrolokomotiven der Baureihe 144 diese Leistungen übernommen hatten (23.03.1975, Foto A. Schöppner).

Nr. 182
Luftaufnahmen besitzen schon bei reinen Landschaftsportraits einen besonderen Reiz. Luftaufnahmen von dampfgeführten Zügen können aber für Eisenbahnfreunde noch reizvoller sein. Daß solche Fotos mit besonderem Aufwand verbunden sind, soll hier kurz erläutert werden. Hier sehen wir den Autor kurz vor dem Start. In den Händen hält er eine Linhof Aerotechnika, eine vollautomatische Luftbildkamera im Format 4x5 inch (Zoll). Alle Verstellfunktionen dieses Fotoapparates erfolgen elektromotorisch. Der 4 inch breite Rollfilm wird gleichfalls mittels Elektromotor transportiert und bei Belichtung über ein Vakuum auf der Fotoplatte gehalten. Eine Luftzielvorrichtung und ein Entfernungsmesser dient der genauen Einstellung der Bildschärfe. Als »Fliegender Untersatz« für diese Luftaufnahmen diente ein einmotoriges Luftfahrzeug vom Typ Do 27. Diese Maschine fand sowohl bei den Heeresfliegern der Bundeswehr als auch in zivilen Bereichen Verwendung. Seine Langsamflugeigenschaften sind besonders hervorzuheben. Damit der Autor freies Schußfeld hatte, wurde vor dem Start die linke Kabinentüre ausgehängt.

Nr. 183 *(Seite 206)*
Bw Crailsheim, Rundschuppen und Drehscheibe aus der Vogelperspektive. Neben den drei abgestellten Güterzuglokomotiven BR 50 erkennt man auf dem Rundschuppendach als Schatten die Silhouette der Do 27.

Nr. 184 (Seite 207)
Das Bw Crailsheim noch aus anderer Vogelperspektive mit Bereichen, die unsere Eisenbahnfreunde nur selten zu Gesicht bekommen haben. Es sind die Gleise (Stände) zur Lokbehandlung. Am unteren Teil des Bildes erkennt man die Gleise für das Ausschlacken und das Entfernen der Lösche. Oben wiederum sieht man die zweiständige Bekohlungsanlage, Kohlenkran und Kohlenvorrat. Rechts davon stehen reihenweise ausgemusterte Dampflokomotiven der Baureihe 023, 050 und sogar eine 064. An der hinteren Drehscheibe parken vier Brennkraft- und drei Dampflokomotiven. Links neben dieser Drehscheibe erkennt man sogar noch die Ausblas- und Reinigungsvorrichtung für die Heiz- und Rauchrohre der Dampflokkessel.

Nr. 185
Personenzug N 5864 Osterburken–Würzburg beim Verlassen von Lauda, es führt 051 575 (29.03.1975).

Nr. 186
Güterzuglokomotive 053 097 im Bw Crailsheim. Diese Maschine gehörte zu den letzten 50ern, die noch mit Wannentender ausgerüstet waren. Auch mit ihr wurden noch einige Sonderfahrten durchgeführt (16.02.1974).

Nr. 187
023 058 verläßt mit dem morgendlichen Personenzug N 7511 Lauda–Crailsheim Königshofen in Richtung Edelfingen (22.03.1975).

Nr. 188

Mit Bravour bringt 023 030 den Personenzug N 4707 Crailsheim–Ansbach über die Steigung vor Ellrichshausen. Oberlokführer Fuchs vom Bw Crailsheim demonstriert hier noch einmal, was in einer 23er stecken kann. So liegt die Geschwindigkeit dieses Zuges bei ca. 90 km/h (16.02.1974). – Die indizierte Leistung der BR 023 wird mit 1.785 PSi angegeben. Die Zughakenleistung kommt auf ca. 1.470 PSe. Unter Berücksichtigung von Anhängelast (Zuggewicht), Steigung und der genannten Geschwindigkeit muß Oberlokführer Fuchs seine Maschine kurzzeitig mit einer Kesselbelastung von fast 85 kg/m^{2}h gefahren haben. Und dies bedeuten rund 1.530 PSe am Zughaken!

Nr. 189
Nochmals ein Blick aus der Luft: Personenzug N 7511 Lauda–Crailsheim auf der Fahrt durchs Vorbachtal. Die Form des Hanges und die aufgeschütteten Steinhaufen erinnern an die Zeit, als hier noch in größerem Umfang Weinbau betrieben wurde (25.04.1975, Luftaufnahme von der Regierung in Oberbayern unter GS 300/6969 freigegeben).

Nr. 190
023 028 und 023 038 bringen den Personenzug N 2725 Lauda–Crailsheim über die Steigung nach Oberstetten, im Hintergrund das Schloß Haltenbergstetten bei Niederstetten (16.02.1974).

Nr. 191
Güterzug Crailsheim–Ansbach auf der Steigung kurz hinter Crailsheim, es führt 050 456. Die Auspuffschläge lassen erkennen, daß der Zug hier nur eine Geschwindigkeit von ca. 20 km/h aufweist und die Lok schwer arbeiten muß (23.02.1974). Bei der Konstruktion einer Dampflokomotive kann man von der Annahme ausgehen, daß für 1.000 PSe (Zughakenleistung) der Kessel rund 8 to Heißdampf pro Stunde liefern muß (bei 16 atü Kesseldruck). Die indizierte Leistung der Güterzuglok BR 50 wird mit 1.625 PSi angegeben. Die Zughakenleistung liegt bei ca. 1.350 PSe, das heißt der Kessel liefert dann stündlich ca. 10,8 to Dampf!

Nr. 192
Personenzug N 7543 Lauda–Crailsheim hat die schwere Steigung vor Schrozberg hinter sich gebracht und fährt gleich in den Bahnhof ein. Der strömende Regen scheint die beiden Lokführer auf 052 838 und 023 067 nicht zu stören (19.03.1975).

Nr. 193
050 456 im Bw Crailsheim. Nachträglich erhielt diese Maschine im Tausch einen Kessel der Kriegsbaureihe 52 (26.04.1975).

050 456-3

Nr. 194
Tender an Tender gekuppelt verlassen 023 002 und 023 020 mit Personenzug N 7523 Königshofen und dampfen in Richtung Edelfingen (26.04.1975).

Nr. 195
Selten schien die Sonne so schön und blieb die Luft so kalt wie an jenem 8. März des Jahres 1975, an dem N 7523 beim Verlassen von Königshofen aufgenommen wurde.

Nr. 196
Nochmals die Ausfahrt Rot am See aus anderer Perspektive. Diesmal wird der N 2725 Lauda–Crailsheim von 051 795 und 023 002 geführt (23.02.1974).

Nr. 197 ▷
051 575 verläßt mit N 7531 Wallhausen in Richtung Crailsheim.

◁ *Nr. 198*
Durch den Reichenberger Grund befördert 023 016 mit sichtbarer Anstrengung den Nahverkehrsschnellzug N 5873 (Würzburg–Lauda–Osterburken) die Steigung nach Geroldshausen hinauf. Beachtenswert ist auch die Zuggarnitur. Der Streckenkilometer 150.9 verrät uns den genauen Fotostandort (01.09.1974, Foto A. Schöppner).

Nr. 199
Auf der eingleisigen Strecke Crailsheim–Lauda–Wertheim–Aschaffenburg verkehrt an Werktagen ein Güterzugpaar mit Lademaßüberschreitung. Mit diesen Zügen werden z.B. Röhren, Mähdrescher, Panzer, große Maschinen, Lokomotivkästen und sogar fabrikneue Lokomotiven transportiert. Am 22.09.1973 mußte 052 838 nach einem Halt am Einfahrsignal von Königshofen den Dg 7890 (Nürnberg–Aschaffenburg) wieder in Fahrt bringen. Der erste Teil des Wagenparks ist noch einsehbar. So folgt der Lokomotive ein sechsachsiger Schwerlasttransportwagen, dann ein mit Kessel beladener Tiefladewagen und schließlich wieder Schwerlasttransportwagen mit Panzerhaubitzen des Typs M 109 (Foto A. Schöppner).

Nr. 200
Bis zur Aufnahme des elektrischen Betriebes zwischen Würzburg und Neckarelz am 01.06.1975 wurden die Nahverkehrszüge auf dieser Strecke noch mit Dampflokomotiven bespannt. Am 06.12.1970 verläßt 023 059 mit dem Nahverkehrsschnellzug N 2342 (Würzburg–Heidelberg) den Bahnhof Königshofen. Das gerade zu überquerende Flüßchen ist die zuvor schon genannte Umpfer, die im weiteren Verlauf in die Tauber mündet (Foto A. Schöppner).

Nr. 201
Eisige Kälte, strahlender Sonnenschein und Schnee waren die besten Voraussetzungen für ein geglücktes Winterbild. Bei einer derartigen Gelegenheit verließ 050 406 mit Nahverkehrsschnellzug N 2724 den Bahnhof Königshofen in Richtung Crailsheim (31.12.1970, Foto A. Schöppner).

Nr. 202
Mit dem 27. September 1975 endete auch auf der Strecke Crailsheim–Lauda–Wertheim der planmäßige Einsatz von Dampflokomotiven. Am 02.05.1975 fährt 023 019 mit dem Nahverkehrsschnellzug N 5668 (Lauda–Wertheim) in den Bahnhof Wertheim/Main ein. Im Hintergrund grüßt die Burg Wertheim über der idyllischen Altstadt. Die Burg Wertheim ist eine der ältesten und am besten erhaltenen großen Burgen Süddeutschlands. Sie war einst Sitz der Grafen von Wertheim (Foto A. Schöppner).

Nr. 203
023 040 im Bw Crailsheim. Der Lokführer setzt seine Maschine etwas zurück, um für die Großformatkamera Treib- und Kuppelstangen in die gewünschte Position zu bringen.

◁ *Nr. 204*
052 988 hat größte Mühe, den »grenzlastnahen« Güterzug Dg 64 565 über die Steigung bei Oberstetten zu bringen. – Auch hier noch eine kurze Betrachtung zur Dampflokomotive. Ganz einfach ausgedrückt, können mit der Verbrennung von einem Kilogramm Steinkohle (Heizwert 7.500 WE) rund acht Kilogramm Heißdampf mit einem Druck von 16 atü erzeugt werden. Die maximale Zughakenleistung der BR 50 liegt bei ca. 1.350 PSe. Würde diese Leistung über eine Stunde gehalten werden müssen, hätte der Kessel ca. 10,8 to Dampf pro Stunde zu liefern. Und dies wiederum bedeutet für den Heizer, daß in der Stunde ca. 1.354 kg und pro Minute ca. 22,5 kg Kohle zu verfeuern sind!

Nr. 205
Zugkreuzung auf der Strecke Lauda–Bad Mergentheim. Auf Gleis 1 im Bahnhof Königshofen wartet 023 012 mit dem Nahverkehrsschnellzug N 7571 (Lauda–Weikersheim). Aus Bad Mergentheim fährt 052 890 mit dem Nahverkehrsschnellzug N 7580 ein. Durch Rückbau auf zwei Durchgangsgleise mit Abzweig nach Bad Mergentheim sind hier derartige Kreuzungen heute nicht mehr möglich (20.05.1975, Foto A. Schöppner).

4. Abschied von der Dampflok – Sonderfahrten im süddeutschen Raum

Im Gegensatz zu anderen Bundesländern konnte sich – wenn auch auf ein Minimum beschränkt und nur inselweise – der Dampfbetrieb in Württemberg bis zum Jahre 1976 halten. Hinzu kam noch, daß dort gleichzeitig die letzten Vertreter preußischer Reisezuglokomotiven beheimatet waren. Diese Maschinen der Baureihe P 8 (038) und T 18 (078) bespannten eine Vielzahl von Sonderzügen und wurden auch als »Fotoobjekt« den modernen Einheitslokomotiven oftmals vorgezogen. Die Deutsche Gesellschaft für Eisenbahngeschichte (DGEG), die Eisenbahnfreunde Zollernbahn (EFZ), die Ulmer Eisenbahnfreunde (UEF), der Eisenbahn-Kurier (EK) sowie andere Interessengruppen veranstalteten jene Sonderfahrten, die wir mit diesem Kapitel noch einmal in Erinnerung bringen wollen.

Nr. 206
038 711 und 038 772 auf Sonderfahrt im Schussental, Strecke Friedrichshafen–Ulm (03.06.1973; Foto C. Asmus, Weilheim).

Nr. 207
078 246 und 038 722 verlassen mit einem Gesellschaftssonderzug den Bahnhof Trossingen in Richtung Rottweil (29.04.1973).

Nr. 208
Für die Sonderfahrten am Samstag, den 6. und Sonntag den 7. April 1974, wurden die beiden Tenderlokomotiven 078 246 und 064 491 eingesetzt. Bei der Überführung von Rottweil nach Tübingen durcheilen sie als Lz frühmorgens das Neckartal bei Talhausen (06.04.1974).

Nr. 209
Der erste dieser beiden Extrazüge führte nachmittags von Tübingen nach Onstmettingen auf der Alb und zurück. Hier die Ausfahrt in Bisingen (06.04.1974).

Nr. 210 (Seite 234)
Am zweiten Tag ging es dann von Tübingen wieder über die Zollernalb nach Sigmaringen und von dort weiter nach Friedrichshafen. Hier der Zug beim Verlassen von Mössingen (07.04.1974).

78 246

78 246
48
3

Nr. 211 (Seite 235)
Beim Halt in Balingen setzte 064 491 an den Zugschluß um und diente bei der Weiterfahrt nach Ebingen als Schublok. Hier der zehn Wagen umfassende Sonderzug bei Dürrwangen (07.04.1974).

Nr. 212
Eine weitere Sonderfahrt der EFZ begann mit der EK eigenen Schlepptenderlokomotive 24 009 in Stuttgart und ging über Freudenstadt nach Hausach. Ab Freudenstadt wurde – anstelle der ursprünglich eingeplanten P 8 – dem Zug noch 078 246 vorgespannt. Somit entstanden auch für die Rückfahrt des sieben Wagen umfassenden Sonderzuges über die steigungsreiche Strecke durchs Kinzigtal keine Zugkraftprobleme. – Aus Richtung Hausach hier die Einfahrt Schenkenzell (21.04.1974).

Nr. 213
Eine weitere imposante Leistung an diesem Tage bestand in der Überwindung der 25‰-Rampe vor Lautlingen auf der Strecke Balingen–Ebingen. Mit nur noch rund 15 km/h fährt der Gesellschaftssonderzug E 20 079 in die Bahnhofs-Gerade von Lautlingen ein (29.12.1974).

Nr. 214 (Seite 238)
Mit dem Beginn des Winterfahrplanes 1975/76 schieden die letzten in Crailsheim beheimateten 23er aus dem Plandienst, ihre Ausmusterung war für das Ende das Jahres 1975 vorgesehen. – So arrangierten die EFZ am 26.10.1975 eine Rundfahrt, die von Stuttgart über Tübingen, Ebingen, Sigmaringen und Rottweil wieder zurück nach Stuttgart führte. – Hier ist der Sonderzug mit 023 023 auf der Steigung bei Gomaringen zu sehen.

23 023

23 058

Nr. 215 (Seite 239)
Ein anderer Zug startete in Tübingen und kam über Ebingen und Sigmaringen nach Ulm. Unser Bild zeigt diesen Sonderzug frühmorgens auf der Steigung nach Hechingen. Die Zuglok 23 058 (Bw Crailsheim) erhält Unterstützung von der Schublok 051 543 (Bw Tübingen), da der rund 8 Wagen (ca. 320 t) umfassende Sonderzug für die 23er zu schwer geworden wäre (28. 12. 1975).

Nr. 216
Stets interessiert und immer hilfsbereit gab sich der B-Gruppenleiter vom Bw Hof, Hannes Haßlocher, wenn es um die Unterstützung und Dokumentation der zu Ende gehenden Dampflokzeit ging. Hier sehen wir ihn im Gespräch mit dem Autor, den Hintergrund bildet 58 311, eine ehemalige badische G 12.

5. Faszination Dampflokomotive in Farbe

Nr. 217
Schnellzug D 854 nach Bamberg(–Würzburg–Frankfurt) kurz nach der Ausfahrt Hof, es führt 001 008 (09.12.1972).

001 131-2

◁ *Nr. 218*
Reger Betrieb im Bahnhof Neuenmarkt-Wirsberg! Im Vordergrund macht sich auf Gleis 4 001 131 mit Schnellzug D 853 (Tübingen–Würzburg–Bamberg–Hof) pünktlich um 12.49 Uhr auf den Weg nach Hof. Für die »Schiefe Ebene« hat sie eine Brennkraftlok BR 260 als Schub erhalten. Auf Gleis 2 wartet 052 339 mit Personenzug 2819 nach Hof, planmäßige Abfahrtszeit 13.02 Uhr. Auf Gleis 3 steht mit einer 50er der Personenzug 2826, der um 13.09 Uhr in Richtung Lichtenfels abfahren wird.

Nr. 219
001 180 und 001 088 vor Eilzug E 1649 auf der Fahrt nach Hof kurz hinter Münchberg (05.05.1973).

Nr. 220 (Seite 244)
Ausfahrt von Eilzug E 1649 in Bamberg, das Personal auf 001 211 und 001 008 hat die Regieanweisung des Autors vorbildlich beachtet. Während die erste Maschine mit fast weißem Abdampf anfährt, sorgt der Heizer auf der zweiten Lok für den gewünschten dunklen Kontrast!

001 211-

Nr. 221 (Seite 245)
Hier der ausfahrende E 1649, Bamberg ab 16.38 Uhr, aus anderer Perspektive. Die schon tiefstehende Sonne vermittelt dieser Aufnahme eine besondere Stimmung (03.03.1973).

Nr. 222
Personenzug 7523 Lauda–Bad Mergentheim bei der Ausfahrt in Edelfingen. 023 018 leistet hierbei 023 030 Vorspann (01.03.1975).

Nr. 223
Blick auf Kessel und Triebwerk der Personenzuglokomotive 023 040.

012 081-6

Nr. 224
Während Nachtaufnahmen von stehenden Dampflokomotiven ein beliebtes Thema darstellten, wurden Bilder fahrender Maschinen bisher nicht bekannt. Hier die zweite Ausnahme: 012 081 und 042 271 mit einem nächtlichen Sonderzug in der Nähe von Rheine. Diese Aufnahme wurde mit Hilfe von 20 Elektronikblitzen, die alle kabellos über Fotozellen ausgelöst wurden, erstellt (29.05.1975).

Nr. 225
Güterzug Würzburg–Osterburken passiert frühmorgens den Haltepunkt Sachsenflur. Die planmäßig eingesetzte 50er erhält von einer 23er Vorspann (25.04.1975, Luftaufnahme von der Regierung in Oberbayern unter GS 300/6969 freigegeben).

Nr. 226
Der Nahverkehrszug N 7511 verließ morgens um 7.25 Uhr Lauda und kam um 9.03 Uhr in Crailsheim an. Zwischen Königshofen und Edelfingen verlief die Bahntrasse fast immer parallel zur Tauber. Auf diesem Streckenabschnitt entstand auch die hier gezeigte Luftaufnahme (25.04.1975).

001 168-4

◁ *Nr. 227*
Eilzug E 1863 Tübingen–Würzburg–Bamberg–Hof mit 001 168 auf der großen Geraden der »Schiefen Ebene« kurz vor dem Block Streitmühle. Bei einer Anhängelast von nur sechs Wagen wurde in der Regel auf eine Schiebelok verzichtet (13.04.1973).

Nr. 228
Noch im Herbst 1972 waren die Tübinger P 8 (BR 038) auch auf der landschaftlich besonders reizvollen Strecke Freudenstadt–Hausach und zurück eingesetzt. Im Bild sehen wir den Personenzug 5987, geführt von 038 772. Diese Aufnahme entstand zwischen Kirnbach und Hausach. Der Streckenkilometerstein 38 belegt den beschriebenen Standort (Oktober 1972).

Nr. 229
052 607 vor einem »Suppenzug« (Dg 48 547) auf der Fahrt von Dillingen nach Bouzonville (Busendorf). – Zwischen den Dillinger Hüttenwerken und Bouzonville kommen sogenannte Torpedowagen für den Transport von flüssigem Roheisen zum Einsatz. Diese Wagen bestehen aus einem riesigen Rundbehälter, der auf zwei siebenachsigen Drehgestellen ruht; bei gleichem Eigengewicht beträgt ihr Fassungsvermögen 150 Mp (13.03.1976).

Nr. 230
Diese Szene wurde bereits einmal auf Bild Nr. 138 in schwarz-weiß wiedergegeben. Während ersteres im Format 6x6 und Zeissobjektiv Sonar 150/4 abgelichtet wurde, wurde diese Szene im Format 9x12 und Schneiderobjektiv 250/5,6 erstellt. Die über die ganze Zuglänge erkennbare Schärfe zeigt deutlich die Verstellmöglichkeiten einer Plattenkamera.

Nr. 231
Betriebsingenieur Diehl (MA Saarbrücken) beim Kontrollieren des Ruhefeuers auf Lok 051 446. – Lag zwischen den Einsätzen einer Dampflok ein längerer Zeitraum, so z.B. eine Nacht, mußte der Heizer vor dem Abstellen der Maschine ein sogenanntes Ruhefeuer anlegen. Im Anschluß dran überwachten dann die »Feuermänner« des Bw dieses Feuer, schürten es, legten Kohle nach und hielten somit die Lok für den nächsten Einsatz bereit (13.03.1976).